普通高等教育"十二五"规划教材

中国机械工程学科教程配套系列教材

教育部高等学校机械设计制造及其自动化专业教学指导分委员会推荐教材

U0148530

单片机原理及应用教程

张元良 主编

清华大学出版社

北京

内 容 简 介

本书系统地介绍了 MCS-51 系列单片机的结构、指令系统、程序设计、中断系统、定时器/计数器、串行口、系统扩展及实用 I/O 接口技术等基本原理及初步应用;还介绍了几种常用单片机开发应用软件(Keil、Protel 99SE、Proteus),以利于读者边学习边实践;并且介绍了单片机开发流程及典型应用实例。书中配有丰富的实例详解及习题。

本书可作为大中专院校单片机原理及应用课程的教材,或作为单片机爱好者的自学用书,也可作为单片机应用开发技术人员、智能仪表开发技术人员及研究生的设计参考用书。

图书在版编目(CIP)数据

单片机原理及应用教程/张元良主编 . --北京:清华大学出版社,2011.2
(中国机械工程学科教程配套系列教材　教育部高等学校机械设计制造及其自动化专业教学指导分委员会推荐教材)
ISBN 978-7-302-24555-1

Ⅰ . ①单… 　Ⅱ . ①张… 　Ⅲ . ①单片微型计算机－高等学校－教材 　Ⅳ . ①TP368.1
中国版本图书馆 CIP 数据核字(2011)第 009266 号

责任编辑:庄红权　洪　英
责任校对:赵丽敏
责任印制:李红英

出版发行:清华大学出版社　　　　　　　　　　地　　址:北京清华大学学研大厦 A 座
　　　　　http://www.tup.com.cn　　　　　　邮　　编:100084
　　　　社　总　机:010-62770175　　　　　邮　　购:010-62786544
　　　　投稿与读者服务:010-62776969,c-service@tup.tsinghua.edu.cn
　　　　质　量　反　馈:010-62772015,zhiliang@tup.tsinghua.edu.cn
印 装 者:北京国马印刷厂
经　　销:全国新华书店
开　　本:185×260　　　印　张:15.5　　　字　　数:370 千字
版　　次:2011 年 2 月第 1 版　　　印　　次:2011 年 2 月第 1 次印刷
印　　数:1～4000
定　　价:25.00 元

产品编号:037017-01

　　我曾提出过高等工程教育边界再设计的想法，这个想法源于社会的反应。常听到工业界人士提出这样的话题：大学能否为他们进行人才的订单式培养。这种要求看似简单、直白，却反映了当前学校人才培养工作的一种尴尬：大学培养的人才还不是很适应企业的需求，或者说毕业生的知识结构还难以很快适应企业的工作。

　　当今世界，科技发展日新月异，业界需求千变万化。为了适应工业界和人才市场的这种需求，也即是适应科技发展的需求，工程教学应该适时地进行某些调整或变化。一个专业的知识体系、一门课程的教学内容都需要不断变化，此乃客观规律。我所主张的边界再设计即是这种调整或变化的体现。边界再设计的内涵之一即是课程体系及课程内容边界的再设计。

　　技术的快速进步，使得企业的工作内容有了很大变化。如从20世纪90年代以来，信息技术相继成为很多企业进一步发展的瓶颈，因此不少企业纷纷把信息化作为一项具有战略意义的工作。但是业界人士很快发现，在毕业生中很难找到这样的专门人才。计算机专业的学生并不熟悉企业信息化的内容、流程等，管理专业的学生不熟悉信息技术，工程专业的学生可能既不熟悉管理，也不熟悉信息技术。我们不难发现，制造业信息化其实就处在某些专业的边缘地带。那么对那些专业而言，其课程体系的边界是否要变？某些课程内容的边界是否有可能变？目前不少课程的内容不仅未跟上科学研究的发展，也未跟上技术的实际应用。极端情况甚至存在有些地方个别课程还在讲授已多年弃之不用的技术。若课程内容滞后于新技术的实际应用好多年，则是高等工程教育的落后甚至是悲哀。

　　课程体系的边界在哪里？某一门课程内容的边界又在哪里？这些实际上是业界或人才市场对高等工程教育提出的我们必须面对的问题。因此可以说，真正驱动工程教育边界再设计的是业界或人才市场，当然更重要的是大学如何主动响应业界的驱动。

　　当然，教育理想和社会需求是有矛盾的，对通才和专才的需求是有矛盾的。高等学校既不能丧失教育理想、丧失自己应有的价值观，又不能无视社会需求。明智的学校或教师都应该而且能够通过合适的边界再设计找到适合自己的平衡点。

　　我认为，长期以来，我们的高等教育其实是"以教师为中心"的。几乎所有的教育活动都是由教师设计或制定的。然而，更好的教育应该是"以学生为中心"的,即充分挖掘、启发学生的潜能。尽管教材的编写完全是由教师完成的,但是真正好的教材需要教师在编写时常怀"以学生为中心"的教育理念。如此,方得以产生真正的"精品教材"。

教育部高等学校机械设计制造及其自动化专业教学指导分委员会、中国机械工程学会与清华大学出版社合作编写、出版了《中国机械工程学科教程》,规划机械专业乃至相关课程的内容。但是"教程"绝不应该成为教师们编写教材的束缚。从适应科技和教育发展的需求而言,这项工作应该不是一时的,而是长期的,不是静止的,而是动态的。《中国机械工程学科教程》只是提供一个平台。我很高兴地看到,已经有多位教授努力地进行了探索,推出了新的、有创新思维的教材。希望有志于此的人们更多地利用这个平台,持续、有效地展开专业的、课程的边界再设计,使得我们的教学内容总能跟上技术的发展,使得我们培养的人才更能为社会所认可,为业界所欢迎。

是以为序。

2009 年 7 月

由于单片机具有体积小、功能强、集成度高、可靠性高、性价比高等优点，广泛应用于工业测控、家用电器、智能仪表、机器人、办公设备以及各种现代通信设备和产品中。尽管 16 位和 32 位单片机功能更加强大，但 8 位单片机仍是主流产品，这主要是因为 8 位单片机技术成熟，性能得到很大的改良，具有更多的外围器件，并且成本极具竞争性。同时 8 位单片机可以作为学习 16 位单片机和 32 位单片机的基础，掌握了 8 位单片机的原理及应用技术，再学习 16 位和 32 位单片机会更容易。

单片机的典型代表是 Intel 公司生产的 MCS-51 系列单片机。本书以 MCS-51 系列单片机为基础，系统介绍单片机的基本结构、组成原理、指令系统、接口技术及应用。

全书共 12 章。第 1 章概述了单片机的基础知识以后，介绍了 3 种实用软件：Keil、Protel 99SE 及 Proteus；第 2 章介绍 MCS-51 系列单片机的内部结构、时序及单片机的最小系统；第 3 章介绍 MCS-51 系列单片机的指令系统，每一类型指令系统后都有实例解析，帮助学生加深对 51 系列单片机程序指令的理解；第 4 章通过实例介绍单片机汇编语言程序设计的流程和方法；第 5～7 章分别介绍单片机中断系统、定时器/计数器及串行口的结构与工作原理，每章都有非常简单、实用、完整的实例解析，详细解析电路原理图的设计、程序的编写以及仿真软件的应用，学生可以实际操作一遍，就相当于完成了一个完整的工程实际设计的仿真调试，从而了解单片机实际开发流程；第 8 章通过实例介绍单片机系统扩展及实用接口技术；第 9 章系统地介绍单片机开发流程；第 10～12 章介绍了 3 个完整的工程实例。

本书前几章的实例是非常简单的 LED 或数码管驱动电路和程序，后几章的实例是为学有余力的学生准备的。学生可以用仿真软件 Keil 检查自己的作业，也可以对书中介绍的实例进行仿真调试。Proteus 软件可以对书中介绍的实例或学生自己的小设计进行软、硬件综合仿真。书中的实例多选用 AT89C51 或 AT89S51，这两种单片机都是 MCS-51 系列兼容机，引脚和指令系统完全兼容，因内部有 flash 存储器而得到广泛应用。

本书具有如下特点：①工程实例多。本书的实例基本都是从工程实例中简化出来的，使学生能够把学到的知识和单片机实际应用技术联系起来，增加感性认识。②实例的完整性。本书设置了很多简单而完整的实例,旨在使学生建立整体的概念,加深对单片机原理的理解。③渐进性。本书从最简单的发光管闪亮控制实例开始,逐渐增加难度,由浅入深地引导学生学习软、硬件开发技术。④新颖性。本书在实例中尽量避免采用过时的接口芯片,而采用在市场上容易买到的、没有被淘汰的芯片。

本书内容丰富,深入浅出,适合作为单片机原理及应用课程的教材,也可以帮助自学者解决在设计和应用单片机时所遇到的实际问题。

本书主要由张元良编写,参加编写工作的还有崔世界、冯旭、张野、高艳、徐海洋、夏召辉、董健、朱江、周笛、周志民、李松、闫广鹏、丁兴国等,王建军对本书进行了全面的校审,在此表示感谢!

限于作者的水平和经验,书中难免存在错误和不足之处,欢迎广大读者给予指正。

作　者

2010 年 12 月

目 录

CONTENTS

第 1 章

单片机与开发环境

本章主要介绍单片机的概念和组成,对单片机设计中的 Keil 软件和 Proteus 软件的使用方法进行详细的介绍,为读者在以后的设计中奠定基础。在本章中,读者主要了解单片机的概念,学习单片机设计软件的使用方法。

1.1   单片机概述

1.1.1   微型计算机

要明白什么是单片机,首先要从微型计算机的概念入手。

一般来说,微型计算机包括中央处理器(CPU)、存储器(Memory)及输入输出单元(I/O)三大部分,如图 1-1 所示。

CPU 就像是人的大脑,控制整个系统的运行。存储器存放系统运行所需要的程序及数据,包括只读存储器(ROM)和随机访问存储器(RAM)。通常ROM 用来存储程序或永久性的数据,称为程序存储器;RAM 则用来存储程序执行时的临时数据,称为数据存储器。I/O 是微型计算机与外部沟通的通道,包括输出端口与输入端口。这三部分分别由不

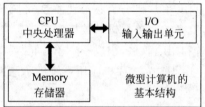

图 1-1   微型计算机的基本结构

同的部件组成,把它们组装在电路板上即可形成一个微型计算机系统。

1.1.2   单片机

单片机就是把中央处理器、存储器、输入输出端口等基本部件微型化并集成到一块芯片上的微型计算机,只要再配置几个小器件,如电阻、电容、石英晶体、连接器等,即成为完整的微型计算机系统。

图 1-2 所示为 MCS-51 系列单片机的基本组成示意图。从图 1-2 中可以看出,单片机虽然只是一个芯片,但一般计算机的基本部件它都有,因此单片机实际上就是一个简单的微型计算机系统。

随着单片机的发展,现在的单片机芯片中都着力扩展了各种控制功能。除集成了定时器/计数器外,有的单片机中还集成了诸如 A/D、D/A 等功能部件;有的单片机芯片内部集

成了 PWM(脉宽调制模块)、PCA(计数器捕获比较逻辑)、高速 I/O 口、WDT(看门狗定时器)等功能部件。单片机系统的体积小、成本低、可靠度高,是目前微型计算机控制系统的主流产品。

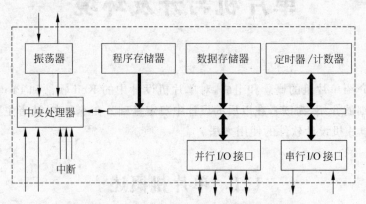

图 1-2   MCS-51 系列单片机组成示意图

1.1.3   单片机应用系统

虽然单片机已经具备一个微型计算机的基本结构和功能,但实质上它也仅仅是一个芯片,仅有单片机一个芯片还不能完成任何工作。在实际应用中,要让单片机实现相应的功能,就必须将单片机与被控对象进行电气连接,必须根据需要外加各种扩展接口电路、外部设备和相应软件,构成一个单片机应用系统。

图 1-3 为单片机应用系统的示意图。

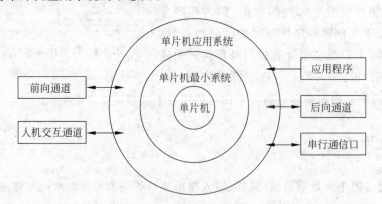

图 1-3   单片机应用系统示意图

单片机应用系统是以单片机为核心,配以输入、输出、显示、控制等外围电路和相应的控制、驱动软件,能完成一种或多种功能的实用系统。同微型计算机系统一样,单片机应用系统也是由硬件和软件组成的,二者相互依赖,缺一不可。

由此可见,单片机应用系统的设计人员必须从硬件和软件两个角度来深入了解单片机并将二者有机结合起来,才能设计特定功能的应用系统或整机产品。

1.1.4　单片机的发展和应用

自单片机出现至今,单片机技术已走过了 30 多年的发展路程。纵观这 30 多年的历程,单片机技术的发展以微处理器(MPU)技术及超大规模集成电路技术的发展为先导,以广泛的应用领域为依托,呈现出较微处理器更具个性的发展趋势。

单片机的体积相对较小,很好地满足了对控制系统体积的要求;很多控制场合并不需要单片机去完成复杂的数学计算,因此单片机在生产工艺上进行了简化,降低了成本;单片机将所有的电路都集成于一个芯片上,减少了因为线路连接导致系统失效的可能性,使其可靠性很高;在工艺和设计上采取的措施又使单片机的功耗比一般微型计算机的功耗要小得多,满足了对控制系统功耗的要求。

单片机的上述特点都很好地满足了工业控制应用的诸多特殊需求,因此很快进入工业计算机控制的诸多领域,充分显示了强大的生命力和广阔的应用前景。

单片机的应用范围十分广泛。目前,单片机的应用领域主要包括:在办公自动化设备中的应用;在机电一体化中的应用;在实时过程控制中的应用;在日常生活及家用电器领域的应用;在各类仪器仪表中引入单片机,使仪器仪表智能化,提高测试的自动化程度和精度,简化仪器仪表的硬件结构,提高其性能价格比;在计算机网络和通信领域中的应用;在医用设备领域中的应用;在汽车电子产品中的应用;此外,在航空航天系统和国防军事、尖端武器等领域,单片机的应用更是不言而喻。

自从第一台单片机诞生以来,单片机已经历了 4 位→8 位→16 位→32 位的发展过程。单片机还将进一步向着 CMOS 化、低功耗、小体积、大容量、高性能、低价格和外围电路内装化等几个方面发展。

在低端应用方面,8 位单片机是满足绝大多数对象控制要求的最佳选择。尽管 8 位单片机种类很多,但无论是从世界范围还是从全国范围来看,51 系列都是使用最广泛、影响最深远的,许多公司都推出了兼容系列单片机。

近年来,Intel 公司将 MCS-51 的核心技术授权给了 Atmel、Philips 等其他公司,现在很多公司都能开发、生产 51 核心的单片机,当然功能或多或少都有些改变,以满足不同场合的需求。下面介绍两种目前比较流行的 51 系列单片机芯片。

(1) AT89C51

Atmel 公司的 AT89C51 是一种自带 4KB Flash 存储器的低电压、高性能 CMOS 8 位微处理器。该器件采用 Atmel 高密度非易失存储器制造技术制造,与工业标准的 MCS-51 指令集和输出引脚相兼容。AT89C51 将多功能 8 位 CPU 和闪存集成在单个芯片中,是一种高效的微控制器,使用也更方便,寿命更长,可以反复擦除 1000 次。这种单片机为很多嵌入式控制系统提供了一种灵活性高且价廉的方案。

(2) AT89S51

AT89C51 最致命的缺陷在于不支持 ISP(在线更新程序)功能。因此现在 Atmel 公司已经停产 AT89C51,市场上见到的实际都是 Atmel 公司前期生产的库存芯片。AT89S51 就是在这样的背景下取代 AT89C51 的。

AT89S51 单片机向下完全兼容 51 系列的所有产品。相对于 AT89C51,AT89S51 单片机在结构和功能上有了一些新变化。最典型的就是：支持 ISP 在线编程功能，支持串行程序存储器写入方式，写入电压更低，反复烧写次数更多，工作频率更高，电源适应范围更宽，抗干扰性更强，加密功能更强，支持低功耗模式。

1.2　Keil 仿真软件

　　Keil 是一款用于单片机汇编语言和 C 语言编程的软件平台，是通用的单片机软件编写、调试的软件环境。

　　Keil 的安装很简单，执行安装包内的 setup.exe，按照提示安装即可。安装完成后，运行进入如图 1-4 所示的界面。

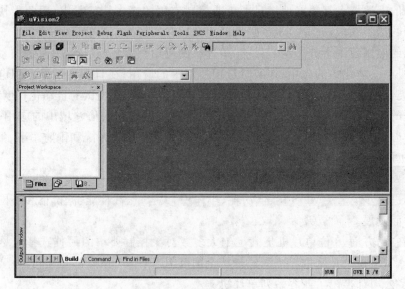

图 1-4　Keil 主界面

　　首先创建一个项目，运行 Project 菜单下的 New Project 命令，屏幕上出现如图 1-5 所示的对话框。

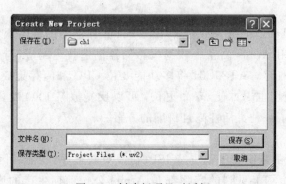

图 1-5　创建新项目对话框

　　在"文件名"文本框中指定所要新增的项目名称，再单击"保存"按钮，屏幕上出现如

图 1-6 所示的对话框。

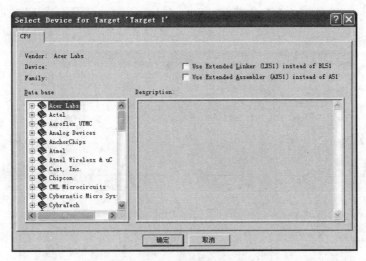

图 1-6　选择目标 CPU 对话框

紧接着在 Data base 区域中，选中所要使用的 CPU 芯片（例如 Atmel 半导体公司的 AT89S51），再单击"确定"按钮关闭对话框，屏幕上出现图 1-7 所示的对话框。

图 1-7　选择 8051 启动码对话框

这是询问我们是否将 8051 启动码放入编辑的项目文件夹里。在此单击"是"按钮关闭此对话框，则左边区域中将产生 Target 1 项目，如图 1-8 所示。

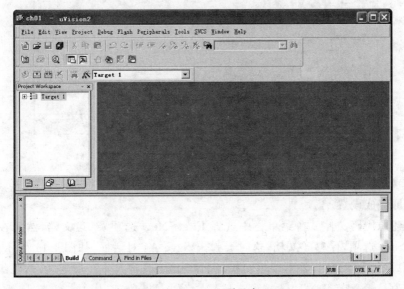

图 1-8　Target 1 项目窗口

在 Project Workspace 区域中的 Target 1 文件夹上右击鼠标,在弹出的右键菜单中选择 Option for Target 选项,这时会弹出 Options for Target 'Target 1'对话框,如图 1-9 所示。

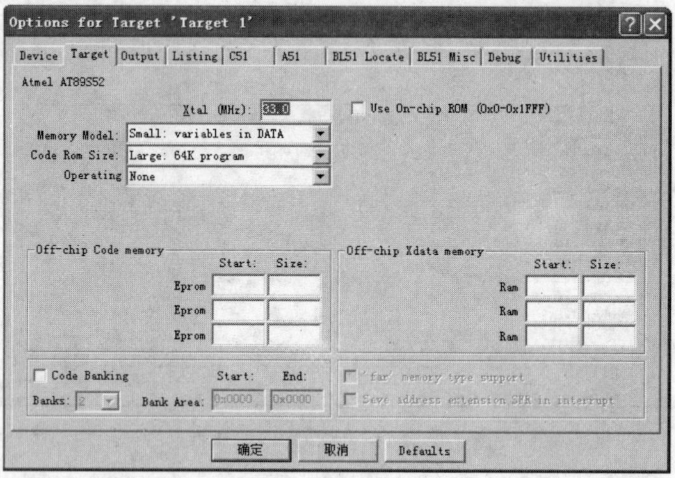

图 1-9　Options for Target 'Target 1'对话框

这个对话框用来设置此芯片的工作频率与所要输出的文件。首先在 Target 选项卡的 Xtal(MHz)文本框中输入晶振频率,一般设置成 12。然后切换到 Output 选项卡,如图 1-10 所示。

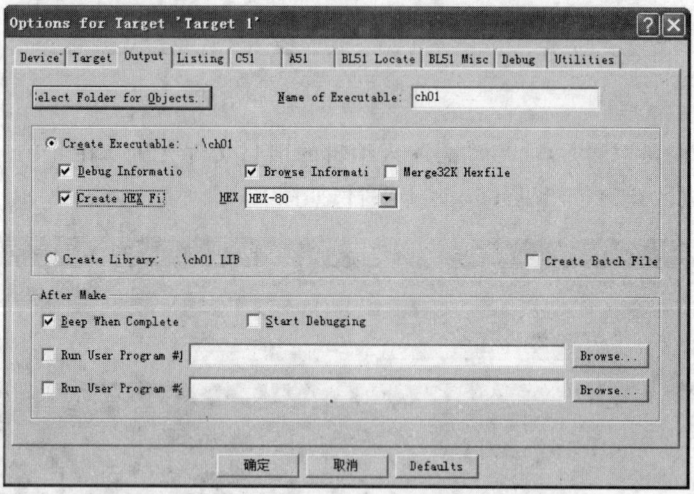

图 1-10　Output 选项卡界面

在 Output 选项卡里选中 Create HEX File 复选框,产生十六进制文件(∗.hex),单击 "确定"按钮即完成设置。

下面创建源代码文件。在菜单栏中选择 File→New 选项,新建文档,然后在菜单栏中选择 File→Save 选项,保存此文档,这时会弹出 Save As 对话框,如图 1-11 所示。在"文件名"文本框中为此文本命名,注意要填写扩展名,C 语言代码文本扩展名为.c,汇编语言代码文本扩展名为.asm。

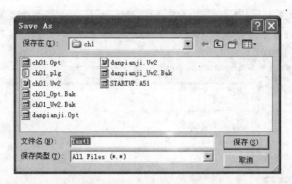

图 1-11　保存文本对话框

　　单击"保存"按钮，就可以在编辑窗口中输入程序内容，编写完毕后，再次保存。

　　接下来把源代码文本加入到项目中，将鼠标指向 Target 1 下面的 Source Group 1 选项，右击鼠标，出现下拉菜单，选择 Add Files to Group 1 选项，然后在随即出现的对话框里选定刚才编辑的程序代码文件，如图 1-12 所示。再单击 Add 按钮，最后单击 Close 按钮关闭对话框，即将程序代码文件加入到项目组中。

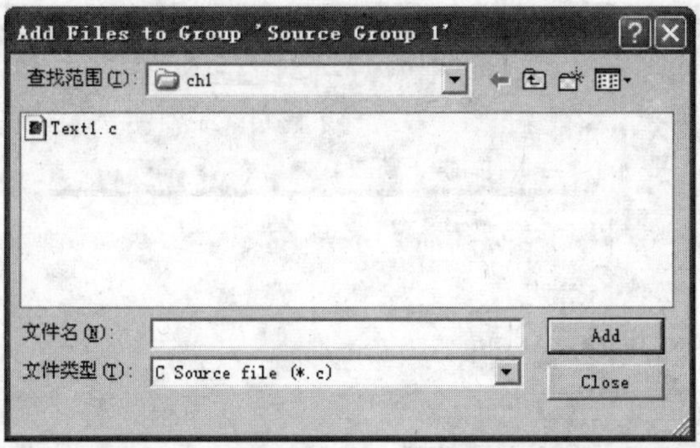

图 1-12　填加程序代码文件对话框

　　紧接着进行编译与链接。在菜单栏中选择 Project→Build Target 选项。如果编译成功，则在 Output Window 子窗口中会显示如图 1-13 所示的信息；如果不成功，双击 Output Window 窗口中的错误信息，则会在编辑窗口中指示错误的语句。

　　程序汇编没有错误后，在菜单栏中选择 Debug→Start/Stop Debug Session 选项，就会进入相应的调试状态，如图 1-14 所示。

　　进入调试状态后，工具栏会多出一个用于运行和调试的工具条。如图 1-15 所示，从左到右依次是复位、运行、暂停、单步、过程单步、执行完当前子程序、运行到当前行、下一状态、打开跟踪、观察跟踪、反汇编窗口、观察窗口等命令。

　　运行命令用于全速执行程序，中间不停止，直到程序结束，这种调试方法可以看到程序的运行结果，但是不能确定程序的哪行出现错误；单步运行可以单步调试程序，使程序的运行过程更清晰，程序行的错误也显而易见。一般程序调试时，这两种方式都会用到。

　　程序调试完毕后，再次在菜单栏中选择 Debug→Start/Stop Debug Session 选项，退出调试环境。在本项目所保存的文件夹里，可找到.hex 文件，这个文件就是可执行文件，可以下载到单片机中运行，也可以运用其他软件进行在线仿真。

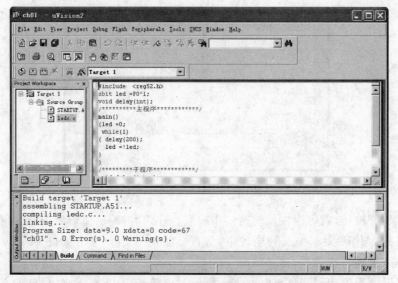

图 1-13　编译成功界面

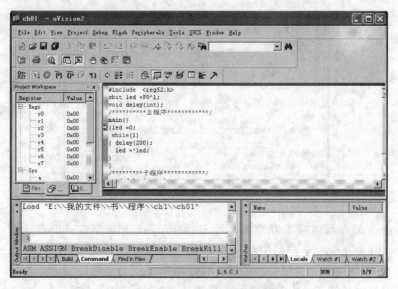

图 1-14　程序调试界面

图 1-15　调试工具条

1.3　Protel 99 SE 软件

Protel 99 SE 是 Protel Technology 公司开发的基于 Windows 环境下的电路板设计软件。该软件功能强大,人机界面友好,易学易用。其功能包括电路原理图设计、印制电路板设计、电路图仿真等。

1.3.1　Protel 99 SE 软件安装

运行 Protel 99 SE 软件包中的 setup.exe，出现如图 1-16 所示安装界面。

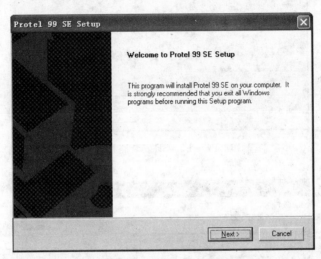

图 1-16　Protel 99 SE 安装启动界面

单击 Next 按钮，进入如图 1-17 所示界面。

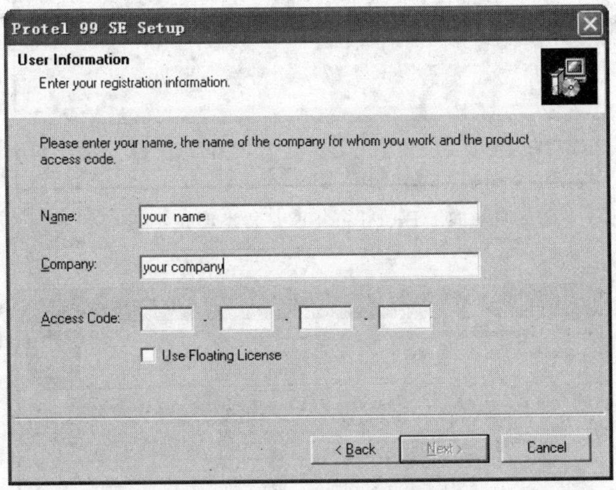

图 1-17　Protel 99 SE 安装界面

这里要求填入使用者的信息，包括姓名、单位，然后需要输入安装序列号才能继续安装，输入后单击 Next 按钮，进入图 1-18 所示界面。

这个界面是选择安装文件的存储路径，默认安装在 C 盘，单击 Browse 按钮选择路径，然后单击 Next 按钮，进入如图 1-19 所示的安装界面。

在这里选择安装类型，默认即可。单击 Next 按钮，出现如图 1-20 所示界面。

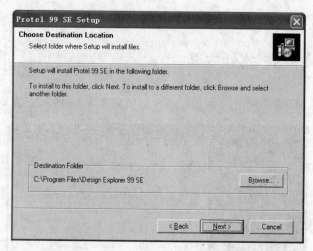

图 1-18   Protel 99 SE 安装路径选择界面

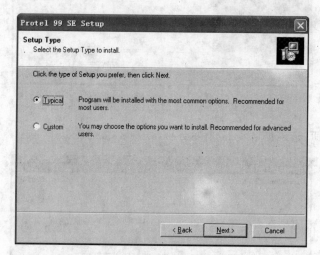

图 1-19   Protel 99 SE 安装类型选择界面

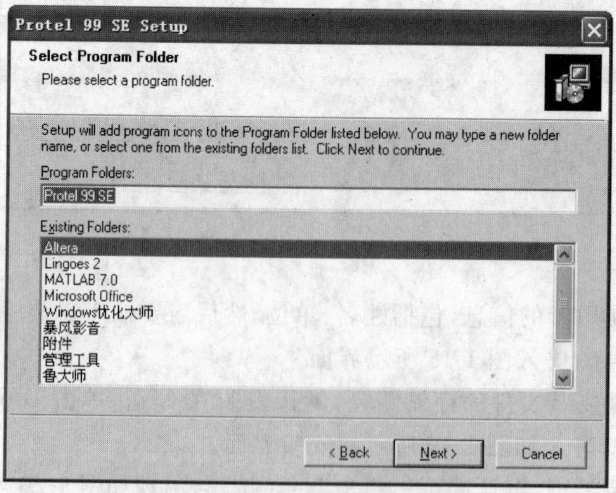

图 1-20   Protel 99 SE 选择安装文件夹界面

在这里选择安装文件夹，默认即可。单击 Next 按钮，出现如图 1-21 所示界面。

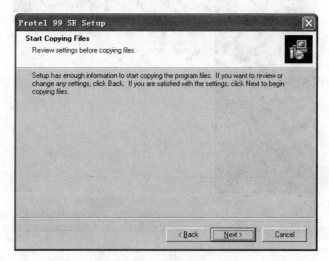

图 1-21　Protel 99 SE 安装开始界面

如果想对上述步骤的设置进行修改，则单击 Back 按钮，否则单击 Next 按钮，进入安装中界面，如图 1-22 所示。

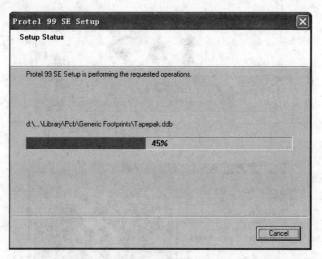

图 1-22　Protel 99 SE 安装中界面

安装完成后出现如图 1-23 所示界面，单击 Finish 按钮结束安装。

1.3.2　Protel 99 SE 软件使用

下面具体介绍 Protel 99 SE 软件的使用。首先启动 Protel 99 SE，出现启动界面，如图 1-24 所示。

启动后的窗口如图 1-25 所示。

在菜单栏中选择 File→New 选项来新建一个项目，出现如图 1-26 所示对话框。

在 Database File Name 文本框中可输入项目文件名，单击 Browse 按钮改变存盘目录。

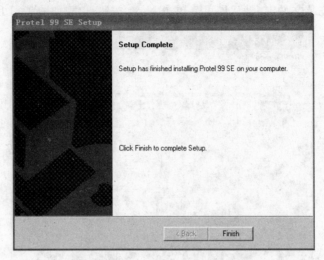

图 1-23　Protel 99 SE 完成安装界面

图 1-24　Protel 99 SE 启动界面

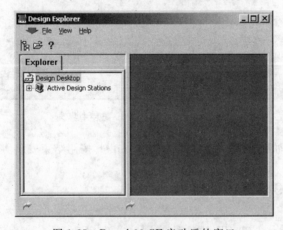

图 1-25　Protel 99 SE 启动后的窗口

单击 OK 按钮后，出现如图 1-27 所示主设计窗口。

在菜单栏中选择 File→New 选项打开 New Document 对话框，如图 1-28 所示，选择 Schematic Document 选项建立一个新的原理图文件。

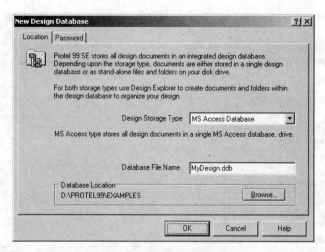

图 1-26　新建项目对话框

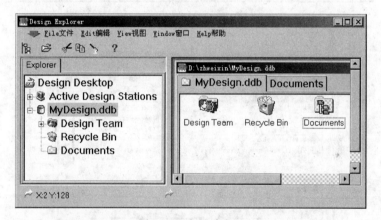

图 1-27　主设计窗口

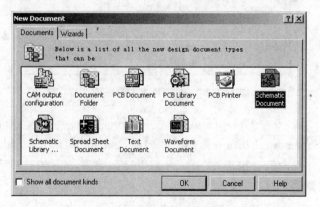

图 1-28　新建文件对话框

　　双击原理图文件,出现如图 1-29 所示原理图设计界面。

　　在画原理图之前,先要装入元件库,单击设计管理器中的 Browse Sch 选项卡,然后单击 Add/Remove 按钮,屏幕将出现如图 1-30 所示的"元件库添加/删除"对话框。

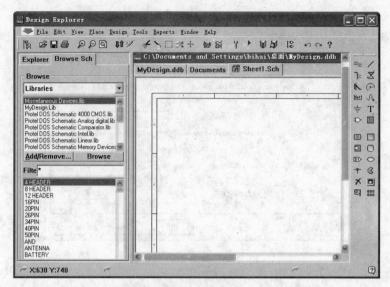

图 1-29 原理图设计界面

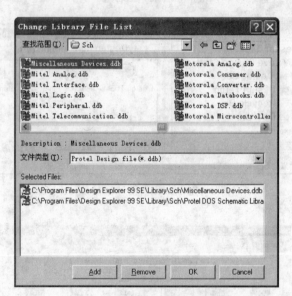

图 1-30 "元件库添加/删除"对话框

在 Design Explorer 99 SE\Library\Sch 文件夹下选取元件库文件,最常用的两个元件库是 Protel DOS Schematic Libraries. ddb 和 Miscellaneous Devices. ddb,然后双击鼠标或单击 Add 按钮,此元件库就会出现在 Selected Files 区域中,如图 1-30 所示。然后单击 OK 按钮,完成该元件库的添加。

由于电路是由元件(含属性)及元件间的边线所组成的,所以现在要将所有可能使用到的元件都放到空白的绘图页上。选取元件的方法有两种。一种是通过菜单命令 Place Part 或直接单击电路绘制工具栏上的 □ 按钮,打开如图 1-31 所示的 Place Part 对话框,然后在该对话框中输入元件的名称及属性。

另外一种是直接从元件列表中选取,该操作必须通过设计库管理器窗口左边的元件库面板来进行,如图 1-32 所示。

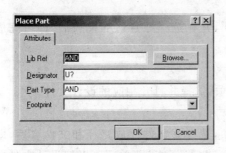

图 1-31　元件的编号及属性对话框　　　　　图 1-32　元件选取

　　首先在面板上的 Library 栏中选取一个元件库,然后在 Components In Library 栏中利用滚动条找到想要的元件并选定它。接下来单击 Place 按钮,此时屏幕上会出现一个随鼠标移动的元件符号,按空格键可旋转元件,按下 X 键或 Y 键可在 x 方向或 y 方向镜像,按 Tab 键可打开编辑元件对话框。将元件符号移动到适当的位置后单击鼠标使其定位即可。

　　若元件库中没有找到你想要的元件,则需要自己创建元件库。在项目文件窗口,在菜单栏中选择 File→New 选项打开 New Document 对话框,选择 Schematic Library Document 选项建立一个新的元件库文件。双击元件库文件,进入元件编辑界面就可以画出自己想要的元件了。

1.4　Proteus 仿真软件

　　Proteus ISIS 是英国 Labcenter 公司开发的电路分析与实物仿真软件。它运行于 Windows 操作系统上,可以仿真、分析各种模拟器件和集成电路。该软件的特点如下:

　　(1)实现了单片机仿真和 SPICE 电路仿真相结合。具有模拟电路仿真、数字电路仿真、单片机及其外围电路组成的系统的仿真、RS-232 动态仿真、I^2C 调试器、SPI 调试器、键盘和 LCD 系统仿真的功能;有各种虚拟仪器,如示波器、逻辑分析仪、信号发生器等。

　　(2)支持主流单片机系统的仿真。目前支持的单片机类型有 68000 系列、8051 系列、AVR 系列、PIC12 系列、PIC16 系列、PIC18 系列、Z80 系列、HC11 系列以及各种外围芯片。

　　(3)提供软件调试功能。在硬件仿真系统中具有全速、单步、设置断点等调试功能,同时可以观察各个变量、寄存器等的当前状态,因此在该软件仿真系统中,也必须具有这些功能;同时支持第三方的软件编译和调试环境,如 Keil 等软件。

（4）具有强大的原理图绘制功能。

总之，该软件是一款集单片机和 SPICE 分析于一身的仿真软件，功能极其强大。

1.4.1　Proteus ISIS 功能简介

1. Proteus ISIS 的菜单

1）File 菜单

File 菜单中的选项具有工程的新建、存储、导入、打印等功能，如图 1-33 所示。

（1）建立设计文件

选择　或者选择 File→New Design 菜单项，并在选择好合适的模板后，即可完成新设计文件的建立。

（2）打开设计文件

选择　或者选择 File→Open Design 菜单项，选择并打开相应的设计文件。

（3）保存设计文件

选择　或者选择 File→Save Design 菜单项，选择好文件存放路径和文件名后，即可将设计文件以该名字存入磁盘中。选择 File→Save Design As 菜单项可以把设计文件以另一个文件形式保存。

（4）导入/导出部分文件

选择　或者选择 File→Import Section 菜单项，导入部分文件（读入另一个设计文件）。

选择　或者选择 File→Export Section 菜单项，可以将当前选中的对象生成一个部分文件。

（5）退出 Proteus ISIS

选择 File→Exit 菜单项，即可退出 Proteus ISIS 系统。

2）View 菜单

View 菜单中的选项具有原理图编辑窗口的定位、栅格的调整及图形的缩放等功能，如图 1-34 所示。

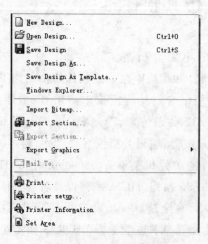

图 1-33　File 下拉菜单

图 1-34　View 下拉菜单

3）Edit 菜单

Edit 菜单实现编辑功能，如图 1-35 所示。

4）Library 菜单（库操作菜单）

Library 菜单中的选项具有选择元器件及符号、制造器件、设置标号封装工具、存储本地对象、分解元件、编译库、自动放置库、比较封装、库管理等功能，如图 1-36 所示。

图 1-35　Edit 下拉菜单　　　　　　图 1-36　Library 下拉菜单

5）Tools 菜单（工具菜单）

Tools 菜单中的选项具有实时注解、实时捕获网格、自动画线、搜索标签、属性分配工具、全局注解、导入文件数据、元器件清单、电气规则检查、编译网格标号、编译模型、将网格标号导入 PCB 及从 PCB 返回原理设计等功能，如图 1-37 所示。

6）Design 菜单（工程设计菜单）

Design 菜单中的选项具有编辑设计属性、编辑原理图属性、编辑设计说明、配置电源、新建一张原理图、删除原理图、转到原理图、转到上一张原理图、转到下一张原理图、转到子原理图及转到主原理图等功能，如图 1-38 所示。

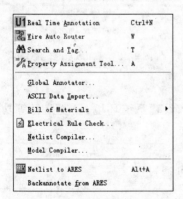

图 1-37　Tools 下拉菜单　　　　　　图 1-38　Design 下拉菜单

7）Graph 菜单（图形菜单）

Graph 菜单中的选项具有编辑仿真图形、增加跟踪曲线、仿真图形、查看日志、导出数据、恢复数据、一致性分析及批处理模式一致性分析等功能，如图 1-39 所示。

8）Source 菜单（源文件菜单）

Source 菜单中的选项具有添加源文件、设置编译、设置外部文件编辑器和编译等功能，如图 1-40 所示。

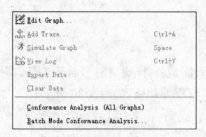

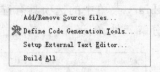

图 1-39　Graph 下拉菜单　　　　　　　图 1-40　Source 下拉菜单

9) Debug 菜单（调试菜单）

Debug 菜单中的选项具有单步运行、断点设置等功能，如图 1-41 所示。

10) Template 菜单（模板菜单）

Template 菜单中的选项主要完成图形、颜色、字体、连线等功能，如图 1-42 所示。

图 1-41　Debug 下拉菜单　　　　　　　图 1-42　Template 下拉菜单

11) System 菜单（系统菜单）

System 菜单中的选项具有系统信息、文本浏览器、设置系统环境、设置路径等功能，如图 1-43 所示。

12) Help 菜单（帮助菜单）

Help 菜单用来提供帮助文档，同时每个元件均可通过属性中的 Help 获得帮助。

2. Proteus ISIS 的工具栏

Proteus 的工具栏中每一个按钮，都对应一个具体的菜单命令。下面列出几个常用的工具按钮及对应的菜单命令。

　新建设计文件

　打开已有设计文件

　保存文件

图 1-43　System 下拉菜单

打印文件

旋转一个欲添加或选中的元件

对一个欲添加或选中的元件镜像

将选中的元件、连线或块剪切入剪切板

将选中的元件、连线或块复制入剪切板

将剪切板中的内容粘贴到电路图中

删除元件、连线或块

放大电路到原来的 2 倍

缩小电路到原来的 1/2

全屏显示电路

添加连线

添加元件

选择光标方式

由于本书篇幅有限,仅列出部分工具按钮,读者可以阅读 Proteus ISIS 方面的专业书籍。

1.4.2　绘制原理图

在 Proteus 中对单片机及其外围电路的仿真,相对于实际硬件物理结构,我们只要画出它的原理图即可。

1. 从元件库中选取元件

通过以下两种方法,可以弹出"元件库选择"对话框,如图 1-44 所示。

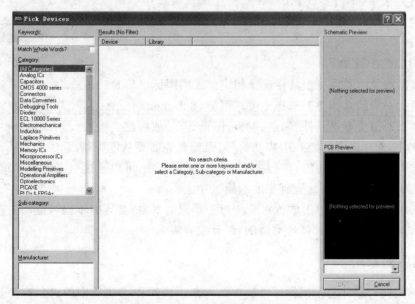

图 1-44　"元件库选择"对话框

（1）单击元件列表之上的 P 按钮：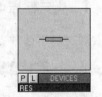。

（2）按 P 键（在英文输入法下）。

比如要用电阻，可以选择 RES 库。从元件库中选择 RES（可以在 Keywords 文本框中输入），则在预览窗口中可以看到所选择的元件（见图 1-45），在库列表中双击该元件或单击 OK 按钮（也可以按 Enter 键）即可将电阻选到，元件就出现在 ISIS 的元件列表中（见图 1-46）。

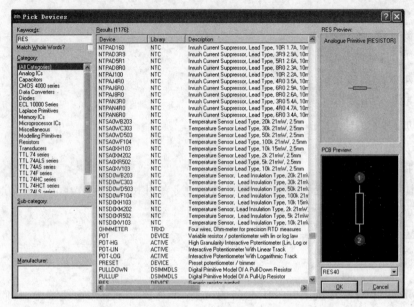

图 1-45　元件列表

2. 放置元件

在元件列表中，单击要放置的元件，再在编辑窗口中单击就放置了一个元件。也可以在按下左键的同时，移动鼠标，在合适的位置释放。

图 1-46　在器件栏中放入电阻

放置对象的步骤如下：

（1）根据对象的类别在工具栏选择相应模式的图标（Mode icon）。

（2）根据对象的具体类型选择子模式图标（Sub-mode icon）。

（3）如果对象类型是元件、端点、引脚、图形、符号或标记，从选择器（Selector）里选择想要对象的名字，对于元件、端点、引脚和符号，可能首先需要从库中调出。

（4）如果对象是有方向的，将会在预览窗口显示出来，可以通过单击旋转和镜像图标调整对象的方向，然后再将其放置到别的编辑区中去。

（5）指向编辑窗口并单击放置对象。对于不同的对象，具体的步骤可能略有不同，但具体的操作和其他图形编辑软件是类似的，而且很直观。

3. 选中对象

用鼠标指向对象并右击鼠标可以选中该对象。该操作可使选中的对象高亮显示，然后单击鼠标即可对其进行编辑。要选中一组对象，可以通过左键或右键拖出一个选择框的方式,但只有完全位于选择框内的对象才可以被选中。

4. 删除对象

用鼠标指向选中的对象并右击鼠标可以删除该对象,同时删除该对象的所有连线。也可以选中对象,然后按键盘上的 Delete 键删除。

5. 拖动对象

拖动一个对象:用鼠标指针指向选中的对象并用左键拖拽可以拖动该对象。该方式不仅对整个对象有效,而且对对象所属的网格标号也有效。

如果误拖动了一个对象,则所有的连线都将很乱,可以使用 Undo(取消)命令撤销操作,恢复到原来的状态。

拖动多个对象:选中多个对象后,只要拖动选中区域,就可以拖动多个对象。

6. 调整对象的方向

许多类型的对象可以调整的方向为:0°、90°、270°、360°,或通过 x 轴、y 轴镜像。当该类型的对象被选中后,旋转和镜像按钮会由蓝色变为红色,此时就可以改变对象的方向。

调整对象方向的步骤如下:

(1) 选中对象,右击 $\mathbf{C}$ 按钮可以使对象顺时针方向旋转,右击 $\mathbf{D}$ 按钮可以使对象逆时针方向旋转。

(2) 右击 $\updownarrow$ 按钮可以使对象按 x 轴镜像,右击 $\leftrightarrow$ 按钮可以使对象按 y 轴镜像。

7. 编辑对象

许多对象具有图形或文本属性,这些属性可以通过一个对话框进行编辑,这是一种很常见的操作。选中对象后单击鼠标,会弹出如图 1-47 所示的对话框。编辑完成后,画面将以该元件为中心重新显示。

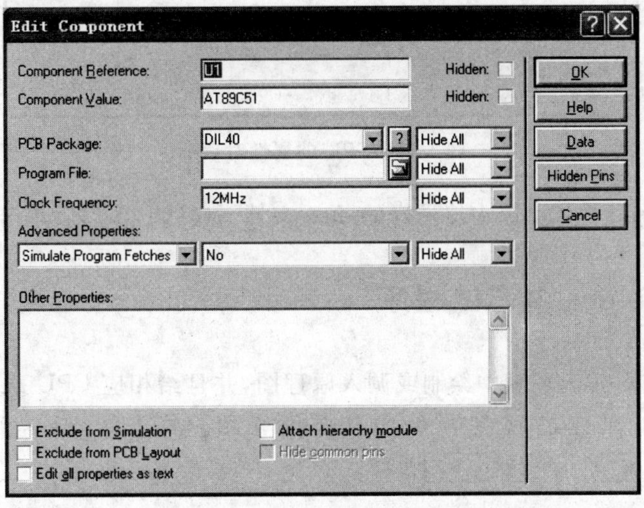

图 1-47　对象属性对话框

8. 复制选中对象

选中需要的对象，单击 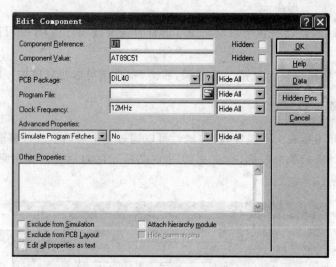 按钮，用鼠标即可把要复制的轮廓拖到需要的位置，单击鼠标放置复制，右击鼠标结束。

9. 布线

ISIS 中没有布线的按钮。这是因为 ISIS 的智能化足以在用户想要布线时进行自动检测，这就省去了选择布线模式的麻烦。

单击第一个对象连接点，如果要使 ISIS 自动给出走线路径，则只需单击另一个连接点，如果要自己设定走线路径，只需在想要拐点处单击鼠标即可。在此过程的任何一个阶段，都可以按 Esc 键来放弃画线。

1.4.3　给 CPU 载入程序

由于原理图中的单片机仅是硬件，需要相应的软件配合才能完成相应的功能。可以选中原理图中的 CPU，通过单击选中的 CPU 调出该 CPU 的属性对话框，如图 1-48 所示。

图 1-48　CPU 的属性对话框

在 Program File 栏目中选中编译好的.hex 文件，将其调入，然后单击 OK 按钮即可。

1.4.4　在 Proteus 中调试程序

在 Proteus ISIS 编辑环境中绘制或调入原理图，并且给相应 CPU 载入相应程序后，即可进行功能仿真，具体过程在第 8 章有详细介绍。单击 Proteus ISIS 编辑界面中 ▶ ▮▶ ▮▮ ■ 的运行键 ▶ 即可。

习题

1-1　什么是单片机？与一般微型计算机相比，单片机有哪些特点？

1-2　单片机主要应用于哪些领域？

1-3　用 Keil 软件调试下列程序：

```
      ORG    000H
      LJMP   MAIN
      ORG    0100H
MAIN: MOV    A, #12H;
      MOV    B, #21H;
      ADD    A, B;
      MOV    20H, A;
LOOP: LJMP   LOOP
      END
```

问（A）＝?（20H）＝?

1-4　用 Protel 99 SE 软件画如习题 1-4 图所示的电路原理图。

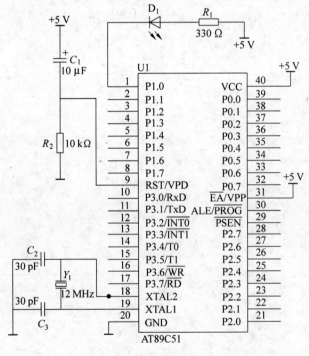

习题 1-4 图

1-5　由单片机 AT89C51 的 P1.0 脚输出 1 Hz 的方波脉冲，控制一个发光二极管闪烁。要求：

（1）用 Proteus 软件画电路原理图（参考习题 1-4 的电路图）。

（2）用 Keil 软件对下列程序进行编译，生成 .hex 文件。

```
      ORG    0000H
      LJMP   MAIN
```

```
        ORG     0100H
MAIN: MOV     SP, #60H
LOOP: CPL     P1.0
        LCALL   S05
        LJMP    LOOP
S05:  MOV     R7, #10
LL1:  MOV     R6, #100
LL2:  MOV     R5, #250
LL3:  DJNZ    R5, LL3
        DJNZ    R6, LL2
        DJNZ    R7, LL1
        RET
        END
```

(3) 在 Proteus 中进行仿真调试。

第 2 章

MCS-51 系列单片机的硬件结构

本章主要介绍 MCS-51 系列单片机的硬件结构及组成、工作原理、时钟和复位电路、最小硬件系统配置等。通过本章学习，应了解 MCS-51 系列单片机的硬件结构，熟悉和掌握 MCS-51 系列单片机的工作原理，为后续章节的学习打下基础。

2.1 单片机的内部结构

2.1.1 内部结构框图

MCS-51 系列单片机的内部结构框图如图 2-1 所示。MCS-51 系列单片机把微型计算机的基本部件，如中央处理器(CPU)、随机存储器(RAM)、程序存储器(ROM)、并行 I/O 接口、串行 I/O 接口、定时器/计数器、中断系统以及特殊功能寄存器(SFR)等集成在一块芯片

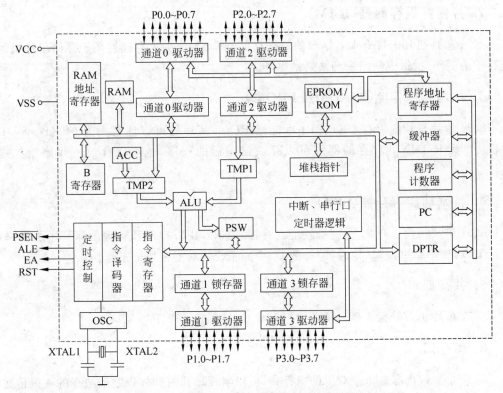

图 2-1 MCS-51 系列单片机内部结构框图

上,并通过单一的内部总线连接起来。MCS-51 系列单片机按其功能部件可以分为 8 大部分。

1. 中央处理器(CPU)

MCS-51 系列单片机有一个 8 位的 CPU,由运算部件和控制部件构成,其中包括振荡电路和时钟电路,主要完成单片机的运算和控制功能。它是单片机的核心部件,决定了单片机的主要功能特性。MCS-51 系列单片机的 CPU 不仅可以处理字节数据,还可以进行位变量的处理。

(1) 运算部件

运算部件包括算术逻辑单元(ALU)、累加器(ACC)、B 寄存器、程序状态字寄存器(PSW)、缓存器 1(TMP1)和缓存器 2(TMP2)等部件,运算部件的功能是进行算术运算和逻辑运算。主要功能有:

算术运算：＋、－、＊、/、加 1、减 1、比较、BCD 码——十进制调整。

逻辑运算：与、或、异或、求补、循环等。

位操作：置位(1)、复位(0)、取反、等于 1 转移等。

(2) 控制部件

控制器电路包括程序计数器(PC)、PC 加 1 寄存器、指令寄存器(IR)、指令译码器(ID)、数据指针(DPTR)、堆栈指针(SP)、缓冲器以及定时与控制电路等。控制部件完成指挥控制工作,协调单片机各部分正常工作。

2. 片内数据存储器(RAM)

8051 单片机片内带有 128 字节的数据存储器 RAM。数据存储器用于存储单片机运行过程中的工作变量、中间结果和最终结果等。

3. 片内程序存储器(ROM/EPROM)

8051 单片机片内带有 4 KB 程序存储器 ROM,其片外可寻址范围为 64 KB。8031 单片机内部无 ROM。程序存储器既可以存放已编制的程序,也可以存放一些原始数据和表格。

4. 特殊功能寄存器(SFR)

8051 单片机内带有 21 个特殊功能寄存器(SFR),用以控制和管理内部算术逻辑部件、并行 I/O 口、串行 I/O 口、定时器/计数器、中断系统等功能模块的工作。

5. 并行口

8051 单片机内带有 4 个 8 位的并行 I/O 口：P0、P1、P2、P3。

6. 串行口

8051 单片机内有 1 个全双工的串行口,可以实现单片机和外设之间数据的逐位传送。

7. 定时器/计数器

8051 单片机内有两个 16 位的定时器/计数器,可以设置为定时方式或计数方式。

8. 中断系统

8051 单片机具有 5 个中断源,可编程为 2 个优先级的中断系统。

2.1.2 引脚与功能

8051 单片机有 40 个引脚。其引脚如图 2-2 所示。封装形式为双列直插(DIP),此外还有 44 个引脚的方形封装(有 4 个空引脚)。

MCS-51 系列单片机的 40 个引脚中有 2 个电源引脚、2 个时钟引脚、4 个控制引脚以及 32 个输入输出 I/O 引脚。以下分 4 部分叙述各引脚功能。

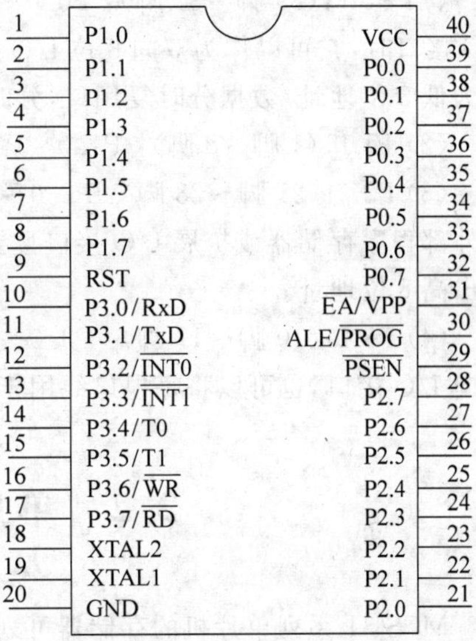

1. 电源引脚 VCC 和 GND

(1) VCC(40 脚):接+5 V 电源。

(2) GND (20 脚):接地。

2. 时钟引脚 XTAL1 和 XTAL2

(1) XTAL1(19 脚):接外部晶体的一端。在单片机内部,它是一个反相放大器的输入端,这个放大器构成片内振荡器。当采用外部时钟时,对于 HMOS 单片机,该引脚接地;对于 CHMOS 单片机,该引脚作为外部振荡信号的输入端。

图 2-2 MCS-51 芯片引脚

(2) XTAL2(18 脚):接外部晶体的另一端。在单片机内部,接至片内振荡器的反相放大器的输出端。当采用外部时钟时,对于 HMOS 单片机,该引脚作为外部振荡信号的输入端;对于 CHMOS 单片机,该引脚悬空不接。

3. 控制引脚

此类引脚提供控制信号,有的引脚还具有复用功能。

(1) RST(9 脚):复位信号输入端。高电平时完成复位操作,使单片机回到初始状态。

(2) ALE/$\overline{PROG}$(30 脚):ALE 引脚输出地址锁存允许信号。当访问外部存储器时,ALE 以每个机器周期两次的信号输出,用于锁存出现在 P0 口的低 8 位地址。在不访问外部储存器时,ALE 端仍以上述不变的频率(振荡器频率的 1/6)周期性地出现正脉冲信号,可作为对外输出的时钟脉冲或用于定时。但要注意,在访问片外数据存储器期间,ALE 脉冲只会出现一次,此时作为时钟输出是不妥当的。对于片内含有 EPROM 的单片机,在对 EPROM 编程期间,$\overline{PROG}$引脚作为编程脉冲的输入端。

（3）$\overline{PSEN}$（29 脚）：片外程序存储器读选通信号输入端，低电平有效。从外部程序存储器读取指令或常数期间，每个机器周期内 $\overline{PSEN}$ 信号两次有效，以通过数据总线读回指令或常数。在访问外部程序存储器期间，$\overline{PSEN}$ 信号将不会出现。

（4）$\overline{EA}$/VPP（31 脚）：$\overline{EA}$ 为访问外部程序存储器控制信号，低电平有效。当 $\overline{EA}$ 端保持高电平时，单片机访问片内程序存储器。若超出该范围时，单片机会自动转去执行外部程序存储器的程序。当 $\overline{EA}$ 端保持低电平时，无论片内有无程序存储器，均只访问外部程序存储器。对于片内含有 EPROM 的单片机，在 EPROM 编程期间，VPP 引脚用于 12V 编程电源。

4. 输入输出（I/O）引脚 P0、P1、P2 及 P3 口

（1）P0 口（39 脚～32 脚）：P0.0～P0.7 统称 P0 口。当不接外部程序存储器或不扩展 I/O 接口时，它可以作为双向 8 位 I/O 接口。当接有外部程序存储器或扩展 I/O 接口时，P0 口为低 8 位地址/数据分时复用口，分时用作低 8 位地址总线和 8 位双向数据总线。

（2）P1 口（1 脚～8 脚）：P1.0～P1.7 统称 P1 口，作为准双向 I/O 接口使用。

（3）P2 口（21 脚～28 脚）：P2.0～P2.7 统称 P2 口，可作为准双向 I/O 接口使用。当接有外部程序存储器或扩展 I/O 接口且寻址范围超过 256 字节时，P2 口用于高 8 位地址总线送出高 8 位地址。

（4）P3 口（10 脚～17 脚）：P3.0～P3.7 统称 P3 口，是双功能口。它可以作为一般的准双向 I/O 接口，也可以将每根口线用于第 2 功能。

2.2　单片机的存储器结构

MCS-51 系列单片机的存储器可划分为两类：

（1）程序存储器

一个微机系统之所以能够按照一定的次序进行工作，主要在于内部存在着程序，程序实际上是由用户程序形成的一串二进制码，该二进制码存放在程序存储器之中，8031 由于无内部 ROM，所以只能外扩 EPROM 来存放程序。

（2）数据存储器

数据存储器在物理上和逻辑上都分为两个地址空间：一个是片内 256 字节的片内数据存储器，另一个是片外最大可扩充 64 KB 的片外数据存储器。其中，片内数据存储器又由片内 RAM 和特殊功能寄存器组成。

2.2.1　程序存储器

程序存储器是用来存放程序及表格常数的，它是在单片机工作前由用户通过编程器烧入的，在单片机工作过程中不可更改。

单片机是通过控制器中的程序指针 PC 来访问程序存储器的。PC 有 16 位，所以它可以直接寻址 64 KB，即可访问程序存储器的 0000H～FFFFH 地址。

当有外接程序存储器时，程序存储器的编址规律为：先片内，后片外，片内片外连续，一般不重叠。即单片机上电后，如 $\overline{EA}$ 脚接高电平，则程序开始从内部程序存储器运行。当 PC 中内容超过内部程序存储器的范围，则自动跳到外部程序存储器接着运行。例如，在带有 4 KB 片内 Flash 存储器的 AT89C51 中，如果把 $\overline{EA}$ 引脚接到 V_{CC}，当地址为 0000H～0FFFH 时，则访问内部 Flash；当地址为 1000H～FFFFH 时，则访问外部程序存储器。如果 $\overline{EA}$ 脚接低电平，CPU 只访问外部 EPROM/ROM 并执行外部程序存储器中的指令，而不管是否有片内程序存储器。通过 $\overline{EA}$ 脚的电平切换，可以指定访问片内、片外的任意程序存储单元。

程序存储器的某些单元已经被保留作为特定的程序入口地址（中断服务程序入口地址），这些单元具有特殊的功能。

特殊单元 0000H～0025H 被保留用于 6 个中断源的中断服务程序的入口地址，如表 2-1 所示。其中特殊单元 0000H～0002H 为复位入口地址。由于系统复位后的 PC 内容为 0000H，故系统从 0000H 单元开始读取指令，执行程序，它是系统的启动地址，如果系统不从 0000H 单元开始，应在这 3 个单元中存放一条无条件转移指令，以便直接去执行指定的程序。

表 2-1　MCS-51 系列单片机中断、复位入口地址

中 断 源	入口地址	中 断 源	入口地址
复位	0000H	外部中断 1($\overline{INT1}$)	0013H
外部中断 0($\overline{INT0}$)	0003H	定时器/计数器 1 溢出(T1)	001BH
定时器/计数器 0 溢出(T0)	000BH	串行口接收/发送	0023H

在使用时，中断服务程序和主程序一般应放在 0030H 以后。而在这些中断入口处都应安放一条绝对跳转指令，使程序跳转到用户安排的中断服务程序的起始地址，或者从 0000H 启动地址跳转到用户设计的初始化程序入口处。中断服务程序由中断源启动调用。

2.2.2　数据存储器

MCS-51 系列单片机的数据存储器用于存放运算中间结果、数据暂存和缓冲、标志位、待调试的程序等。如前所述，数据存储器在物理上和逻辑上都分为两个地址空间，一个为片内数据存储器空间，一个为片外数据存储器空间。MCS-51 系列单片机访问外部数据存储器是由 P2 口和 P0 口提供 16 位地址，所以可寻址范围是 64 KB，即扩展外部数据存储器的最大容量是 64 KB。

1. 片内数据存储器

MCS-51 系列单片机可供用户使用的片内数据存储器有 128 B，地址为 00H～7FH，用于存放程序运行中的数据和结果等。片内 RAM 容量不大，但在编程中应用非常频繁，编程之前应进行合理分配。根据功能不同，片内 RAM 分为工作寄存器区、位寻址区和通用 RAM 区 3 部分。片内 RAM 的配置如表 2-2 所示。

表 2-2　片内 RAM 的配置

区	地址									说明
通用 RAM 区		7F	7E	7D	7C	7B	7A	79	78	
		77	76	75	74	73	72	71	70	
		6F	6E	6D	6C	6B	6A	69	68	
		67	66	65	64	63	62	61	60	
		5F	5E	5D	5C	5B	5A	59	58	
		57	56	55	54	53	52	51	50	
		4F	4E	4D	4C	4B	4A	49	48	
		47	46	45	44	43	42	41	40	
		3F	3E	3D	3C	3B	3A	39	38	
		37	36	35	34	33	32	31	30	
位寻址区	2F	7F	7E	7D	7C	7B	7A	79	78	
	2E	77	76	75	74	73	72	71	70	
	2D	6F	6E	6D	6C	6B	6A	69	68	
	2C	67	66	65	64	63	62	61	60	
	2B	5F	5E	5D	5C	5B	5A	59	58	
	2A	57	56	55	54	53	52	51	50	
	29	4F	4E	4D	4C	4B	4A	49	48	
	28	47	46	45	44	43	42	41	40	位地址
	27	3F	3E	3D	3C	3B	3A	39	38	
	26	37	36	35	34	33	32	31	30	
	25	2F	2E	2D	2C	2B	2A	29	28	
	24	27	26	25	24	23	22	21	20	
	23	1F	1E	1D	1C	1B	1A	19	18	
	22	17	16	15	14	13	12	11	10	
	21	0F	0E	0D	0C	0B	0A	9	8	
	20	07	06	05	04	03	02	01	00	
工作寄存器区		1F	1E	1D	1C	1B	1A	19	18	3 组
		17	16	15	14	13	12	11	10	2 组
		0F	0E	0D	0C	0B	0A	09	08	1 组
		07	06	05	04	03	02	01	00	0 组

（1）工作寄存器区

MCS-51 系列单片机没有设置专门的工作寄存器，而是将片内 RAM 中地址为 00H～

1FH 的 32 个字节单元作为工作寄存器区,分为 0~3 共 4 个组,每组 8 个字节。单片机工作时,某一时刻只能使用其中的一个组,称为当前工作寄存器组,当前组的各字节单元用符号 R0~R7 表示。当前组由 PSW 寄存器中的 RS1 和 RS0 两位来选择。单片机复位后,RS1RS0=00,所以复位后,系统自动使 0 组作为当前工作寄存器组。

例如,"MOV A,R0",其功能是将 R0 寄存器的内容送入累加器 A,如果 0 组为当前组,则 R0 就是 00H 单元;如果 3 组为当前组,则 R0 就是 18H 单元。选择不同寄存器组,指令会将 RAM 不同地址单元的内容送入累加器 A。

编程时,根据需要确定用几个寄存器组,如程序很简单,可只用 0 组;如果程序复杂,可用多个组。不同的程序用不同的寄存器组,避免了大量的堆栈操作,程序也不会相互影响。程序中用不到的寄存器组可作为通用 RAM 使用。

(2) 位寻址区

地址为 20H~2FH 的 16 字节单元除了可字节寻址外,每个位还能独立位寻址,称为位寻址区,它是布尔处理器的数据存储器。位寻址区共有 128 个位,位地址为 00H~7FH。

(3) 通用 RAM 区

地址为 30H~7FH 的 80 字节没有定义专门的用途,可用来存储各种参数、运算结果或作为数据缓冲区,称为通用 RAM 区。

2. 片外数据存储器

由于 MCS-51 系列单片机内部数据存储器只有 128 个字节,往往不够用,这就需要扩展外部数据存储器,外部数据存储器最多可扩至 64 KB。

2.2.3　特殊功能寄存器

MCS-51 系列单片机将 CPU、中断系统、定时器/计数器、串行口及并行 I/O 端口中的 21 个寄存器统称为特殊功能寄存器(special function register,SFR),作为片内数据存储器的一部分,离散分布在 80H~FFH 地址范围内。其余未定义的地址单元作为单片机升级的保留单元,用户不能使用,读这些单元将得到随机数,写这些单元不能得到预期结果。

特殊功能寄存器的定义见表 2-3。特殊功能寄存器的地址见表 2-4。

表 2-3　特殊功能寄存器表

符　　号	名　　称	地　　址
* ACC	累加器	0E0H
* B	B 寄存器	0F0H
* PSW	程序状态字	0D0H
SP	堆栈指针	81H
DPTR(DPH、DPL)	数据指针(高字节、低字节)	82H、83H
* P0	P0 口	80H
* P1	P1 口	90H

续表

符 号	名 称	地 址
＊P2	P2 口	0A0H
＊P3	P3 口	0B0H
＊IP	中断优先级控制寄存器	0B8H
＊IE	中断允许控制寄存器	0A8H
TMOD	定时器/计数器方式控制	89H
＊TCON	定时器/计数器控制寄存器	88H
TH0	定时器/计数器 0 的高字节	8CH
TL0	定时器/计数器 0 的低字节	8AH
TH1	定时器/计数器 1 的高字节	8DH
TL1	定时器/计数器 1 的低字节	8BH
＊SCON	串行控制	98H
SBUF	串行数据缓冲器	99H
PCON	电源控制寄存器	87H

注：＊为既可位寻址寄存器，也可以按字节寻址。

表 2-4　特殊功能寄存器地址表

符号地址	位 地 址								字节地址
B	F7	F6	F5	F4	F3	F2	F1	F0	F0H
ACC	E7	E6	E5	E4	E3	E2	E1	E0	E0H
PSW	D7	D6	D5	D4	D3	D2	D1	D0	D0H
	CY	AC	F0	RS1	RS0	OV	F1	P	
IP	BF	BE	BD	BC	BB	BA	B9	B8	B8H
	/	/	/	PS	PT1	PX1	PT0	PX0	
P3	B7	B6	B5	B4	B3	B2	B1	B0	B0H
	P3.7	P3.6	P3.5	P3.4	P3.3	P3.2	P3.1	P3.0	
IE	AF	AE	AD	AC	AB	AA	A9	A8	A8H
	EA	/	/	ES	ET1	EX1	ET0	EX0	
P2	A7	A6	A5	A4	A3	A2	A1	A0	A0H
	P2.7	P2.6	P2.5	P2.4	P2.3	P2.2	P2.1	P2.0	
SBUF									99H
SCON	9F	9E	9D	9C	9B	9A	99	98	98H
	SM0	SM1	SM2	REN	TB8	RB8	TI	RI	

续表

符号地址	位 地 址								字节地址
P1	97	96	95	94	93	92	91	90	90H
	P1.7	P1.6	P1.5	P1.4	P1.3	P1.2	P1.1	P1.0	
TH1									8DH
TH0									8CH
TL1									8BH
TL0									8AH
TMOD	GATE	C/$\overline{\text{T}}$	M1	M0	GATE	C/$\overline{\text{T}}$	M1	M0	89H
TCON	8F	8E	8D	8C	8B	8A	89	88	88H
	TF1	TR1	TF0	TR0	IE1	IT1	IE0	IT0	
PCON	SMOD	/	/	/	GF1	GF0	PD	IDL	87H
DPH									83H
DPL									82H
SP									81H
P0	87	86	85	84	83	82	81	80	80H
	P0.7	P0.6	P0.5	P0.4	P0.3	P0.2	P0.1	P0.0	

下面简单介绍 SFR 块中的某些寄存器,其他没有介绍的寄存器将在有关章节中叙述。

(1) 累加器 A

累加器 A 是一个最常用的专用寄存器,大部分单操作数指令的操作数取自累加器,很多双操作数指令的其中一个操作数取自累加器,加、减、乘、除算术运算指令的运算结果都存放在累加器 A 或 A、B 寄存器中。

(2) B 寄存器

在乘、除指令中,用到了 B 寄存器。乘除指令的两个操作数分别取自 A 和 B,其结果存放在 A 和 B 寄存器中。除法指令中,被除数取自 A,除数取自 B,运算后商数存放于 A,余数存放于 B。

(3) 程序状态字寄存器 PSW

PSW 是一个 8 位寄存器,它包含了程序状态信息。PSW 中的 CY、AC、OV 和 P 标志位用于存放程序运行中的状态信息,RS1 和 RS0 用于选择当前工作寄存器区,F0 是用户标志位。PSW 寄存器的格式及各位含义如下:

	D7	D6	D5	D4	D3	D2	D1	D0
PSW	CY	AC	F0	RS1	RS0	OV	—	P

进位标志 CY(PSW.7):8 位加法或减法运算时,若累加器 A 的最高位 D7 位有进位或借位时,CY=1;否则 CY=0。位运算中,进位标志 CY 作为位运算的累加器使用,这时用符

号 C 表示。

辅助进位标志 AC(PSW.6)：8 位加法或减法运算时,若累加器 A 的低半字节向高半字节有进位或借位时,AC＝1;否则 AC＝0。AC 标志主要用于 BCD 码运算时进行二、十进制数调整。

溢出标志 OV(PSW.2)：8 位有符号数加法或减法运算时,如果结果超出累加器 A 的存储范围－128～＋127,产生溢出,OV＝1;否则 OV＝0。

对于 8 位有符号数的加减运算,溢出的逻辑表达式为 $OV＝D7_C \oplus D6_C$,其中 $D7_C$ 表示最高位 D7 位的进位或借位,$D6_C$ 表示次高位 D6 位的进位或借位。

奇偶标志 P(PSW.0)：在每个机器周期中,根据累加器 A 中 1 的个数影响 P 标志位。若 A 中 1 的个数为奇数,P＝1;若 A 中 1 的个数为偶数,P＝0。因此,只要是改变累加器内容的指令,都影响奇偶标志 P。奇偶标志主要用在串行通信中,发送数据时,将奇偶标志发送出去,作为接收方检验数据传输是否出错的校验位。

工作寄存器组选择位 RS1(PSW.4)和 RS0(PSW.3)：这两位的组合用于选定程序中使用的当前工作寄存器组。RS1 和 RS0 的值与当前工作寄存器组的对应关系见表 2-5。

表 2-5　RS1 和 RS0 的值与当前工作寄存器组的对应关系

RS1	RS0	当前工作寄存器组	RAM 地址范围
0	0	0 组	00H～07H
0	1	1 组	08H～0FH
1	0	2 组	10H～17H
1	1	3 组	18H～1FH

单片机复位后,RS1 和 RS0 的复位值是 00,使 0 组成为默认工作寄存器组。程序中可通过指令改变 RS1 和 RS0 的值,设置 0～3 组中的某一组作为当前组。

用户标志 F0(PSW.5)：单片机没有指定该位功能,用户可以根据需要定义其功能,例如可将其作为程序运行的出错标志或设备的工作状态标志,使用时可用位操作指令将其置 1 或清 0。

(4) 堆栈指针 SP

堆栈指针 SP 是一个 8 位的专用寄存器。它指示出堆栈顶部在内部 RAM 块中的位置。系统复位后,SP 初始化为 07H,使得堆栈操作事实上由 08H 单元开始,考虑到 08H～1FH 单元分别属于工作寄存器区 1～3,若在程序设计中要用到这些区,则最好把 SP 值改置为 1FH 或更大的值。MCS-51 的堆栈是向上生成的。例如,SP＝60H,CPU 执行一条调用指令或相应中断后,PC 进栈,PCL 保护到 61H,PCH 保护到 62H,(SP)＝62H。

(5) 数据指针 DPTR

数据指针 DPTR 是一个 16 位的 SFR,其高位字节寄存器用 DPH 表示,低位字节寄存器用 DPL 表示。DPTR 既可以作为一个 16 位寄存器 DPTR 来用,也可以作为两个独立的 8 位寄存器 DPH 和 DPL 来用。

(6) 端口 P0～P3

特殊功能寄存器 P0～P3 分别为 I/O 端口 P0～P3 的锁存器。即每一个 8 位 I/O 口都为 RAM 的一个单元(8 位)。

在 MCS-51 中,I/O 口和 RAM 统一编址,使用起来较为方便,所有访问 RAM 单元的指令,都可以用来访问 I/O 口。

(7) 串行数据缓冲器 SBUF

串行数据缓冲器 SBUF 用于存放欲发送或已接收的数据,它在 SFR 块中只有一个字节地址,但物理上是由两个独立的寄存器组成,一个是发送缓冲器,另一个是接收缓冲器。当要发送的数据传送到 SBUF 时,数据进入发送缓冲器;接收时,外部来的数据存入接收缓冲器。

(8) 定时器/计数器

MCS-51 系列单片机有两个 16 位定时器/计数器 T0 和 T1,它们各自由两个独立的 8 位寄存器组成,共为 4 个独立的寄存器:TH0、TL0、TH1、TL1,可以对这 4 个寄存器寻址,但不能把 T0 或 T1 当作一个 16 位寄存器来对待。

2.3　单片机的并行 I/O 口

MCS-51 系列单片机具有 4 个 8 位双向并行 I/O 端口,共 32 线。每位均由自己的锁存器、输出驱动器和输入缓冲器组成。

2.3.1　I/O 口的特点

4 个并行 I/O 口都是双向的。P0 口为漏极开路;P1、P2、P3 口均具有内部上拉电路,它们被称为准双向口。

所有 32 条并行 I/O 线都能独立地用作输入或输出。

当并行 I/O 线作为输入时,该口的锁存器必须写入 1,这是一个重要条件,否则可能无效。

2.3.2　I/O 口的内部结构

I/O 口的每一位结构如图 2-3 所示,每一位均由锁存器(即 I/O 口的 SFR)、输出驱动器和输入缓冲器组成。图中的上拉电阻实际上是场效应管构成的,并不是线性电阻。

I/O 口的每一位锁存器均由 D 触发器组成。在 CPU 的"写锁存器"信号驱动下,将内部总线上的数据写入锁存器中。锁存器的输出端 Q 反馈到内部总线上,以响应来自 CPU 的"读锁存器"信号,把锁存器内容读入内部总线上,送 CPU 处理。而在响应 CPU 的"读引脚"信号时,则将 I/O 端口引脚上的信息读至内部总线,送 CPU 处理。因此,对某些 I/O 口指令可读取锁存器内容,而另外一些指令则是读取引脚上的信息,两者有区别,应加以注意。

P0 口和 P2 口在对外部存储器进行读写时要进行地址/数据的切换,故在 P0、P2 口的结构中设有多路转换器,分别切换到地址/数据或内部地址总线上,如图 2-3(a)、(c)所示。多路转换器的切换由内部控制信号控制。

P3 口作为第一功能使用时,第二功能输出控制线应为高电平,如图 2-3(d)所示,这时,

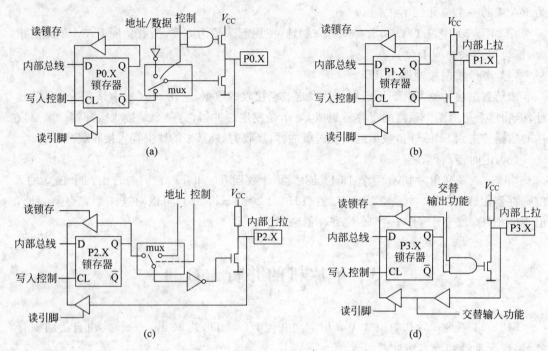

图 2-3 P0～P3 口的内部位结构

(a) P0 口的位结构；(b) P1 口的位结构；(c) P2 口的位结构；(d) P3 口的位结构

与非门的输出取决于锁存器状态。这时，P3 口的结构、操作与 P1 口相同。P3 口作为第二功能使用时，相应的锁存器必须为 1 状态，此时，与非门的输出状态由第二功能输出控制线的状态确定，反映了第二功能输出电平状态。

P1、P2、P3 口均有内部上拉电阻，如图 2-3(b)、(c)、(d)所示。当它们用作输入方式时，各口对应的锁存器必须先置 1，由此关断输出驱动器(场效应管)。这时 P1、P2、P3 口相应引脚内部的上拉电阻可将电平拉成高电平，然后进行输入操作；当输入为低电平时，它能拉低为低电平输入。

P0 口内部没有上拉电阻，这是它与其他 I/O 口不同之处。图 2-3(a)中驱动器上方的场效应管仅用于外部存储器读写时，作为地址/数据总线用。其他情况下，场效应管被开路，因而 P0 口具有开漏输出。如果再给锁存器置入 1 状态，使输出的两个场效应管均关断，使引脚处于浮空，称为高阻状态。

由于 P1、P2、P3 口内部均有固定的上拉电阻，故皆为准双向口。"准双向"的含义是其引脚具有内部拉高电阻，这种口的结构允许其引脚可用作输入，也可用作输出。在作为输入时，可用一般方法由任何一种 TTL 或 MOS 电路所驱动，而不要外加上拉电阻。应注意的是，这些上拉电阻是由场效应管提供的。由此可见，准双向口的特点是：当外部维持在低电平时，准双向口输入要能提供源电流；而外部低电平消失时，又会自动地使自己拉向高电平。

2.3.3 I/O 口的功能

MCS-51 属于总线型结构，这样在系统结构上增加了灵活性。通过总线，可使用户根据应用需要扩展不同功能的应用系统。

　　在扩展系统中,P0 口用于输出外部程序存储器或外部数据存储器的低 8 位地址,并分时复用外部程序存储器的读数据线或外部数据存储器的读写数据线。P0 口的地址为 80H,P0.0~P0.7 的位地址为 80H~87H。

　　P1 口作为一般输入输出口。P1 口的口地址为 90H,P1.0~P1.7 的位地址为 90H~97H。

　　P2 口用于输出外部程序存储器或外部数据存储器的高 8 位地址。P2 口的地址为 A0H,P2.0~P2.7 的位地址为 A0H~A7H。

　　P3 口是双功能口。第一功能是一般输入输出口,第二功能如表 2-6 所示。

表 2-6　P3 口的第二功能定义口

P3 口引脚	第二功能	P3 口引脚	第二功能
P3.0	RxD(串行输入口)	P3.4	T0(定时器 0 外部中断)
P3.1	TxD(串行输出口)	P3.5	T1(定时器 1 外部中断)
P3.2	$\overline{INT0}$(外部中断 0)	P3.6	$\overline{WR}$(外部数据存储器写选通)
P3.3	$\overline{INT1}$(外部中断 1)	P3.7	$\overline{RD}$(外部数据存储器读选通)

　　P3 口的每一位都可独立地定义为第一功能 I/O 或第二功能 I/O。P3 口的第二功能涉及串行口、外部中断、定时器和特殊功能寄存器,它们的结构、功能等在后面章节中会作进一步介绍。P3 口的口地址为 B0H,P3.0~P3.7 的位地址为 B0H~B7H。

2.3.4　I/O 口的负载能力

　　P1、P2、P3 口的输出缓冲器可驱动 4 个 LSTTL 电路。对于 HMOS 芯片单片机的 I/O 口,在正常情况下,可任意由 TTL 或 NMOS 电路驱动。HMOS 及 CHMOS 型单片机的 I/O 口由集电极开路或漏极开路的输出来驱动时,不必外加上拉电阻。

　　P0 口输出缓冲器能驱动 8 个 LSTTL 电路,驱动 MOS 电路须外接上拉电阻,但 P0 口用作地址/数据总线时,可直接驱动 MOS 的输入而不必外加上拉电阻。

2.4　单片机的时钟与时序

　　CPU 的时序是指各控制信号在时间上的相互联系与先后次序。单片机本身就如同一个复杂的同步时序电路,为了确保同步工作方式的实现,电路应在统一的时钟信号控制下按时序进行工作。事实上,控制器按照指令的功能发出一系列的时间上有一定次序的信号,控制和启动一部分逻辑电路,完成某种操作。在什么时刻发出什么控制信号,去启动何种部件动作,都有严格的规定,一点也不能乱。CPU 芯片设计一旦完成,"时序"就固定了,因而时序问题是 CPU 的核心问题之一。

2.4.1　时钟电路

根据硬件电路的不同,单片机的时钟连接方式可分为内部时钟方式和外部时钟方式两种,选用内部时钟方式时,8051 单片机有两个引脚(XTAL1、XTAL2)用于外接石英晶体和微调电容构成振荡器,如图 2-4 所示。电容量的选择范围一般为(30±10)pF。振荡频率的选择范围为 1.2～12 MHz。

在使用外部时钟时,8051 的 XTAL2 用来输入外时钟信号,而 XTAL1 则接地,如图 2-5 所示。

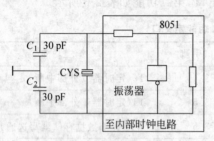

图 2-4　外接石英晶体电路

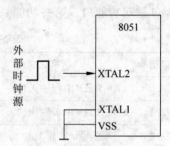

图 2-5　外接时钟源电路

2.4.2　CPU 时序

CPU 时序就是指 CPU 在执行各类指令时所需的控制信号在时间上的先后次序。

1. 时序单位

(1) 振荡周期:指为单片机提供定时信号的振荡源的周期或外部输入时钟的周期。

(2) 时钟周期:时钟周期又称作状态周期或状态时间 S,它是振荡周期的两倍,它分为 P1 节拍和 P2 节拍,通常在 P1 节拍完成算术逻辑操作,在 P2 节拍完成内部寄存器之间的传送操作。

(3) 机器周期:一个机器周期由 6 个状态周期组成。如果把一条指令的执行过程分作几个基本操作,则将完成一个基本操作所需的时间称作机器周期。单片机的单周期指令执行时间就为一个机器周期。

(4) 指令周期:指 CPU 执行一条指令所需要的时间。一个指令周期通常含有 1～4 个机器周期。

它们之间的相互关系如图 2-6 所示。

2. 指令执行时序

在 MCS-51 指令系统中,有单字节指令、双字节指令和三字节指令。每条指令的执行时间要占一个或几个机器周期。单字节指令和双字节指令都可能是单周期和双周期,而三字节指令都是双周期,只有乘法指令占 4 个周期。

每一条指令的执行都可以包括取指和执行两个阶段。取指阶段里,单片机把程序计数

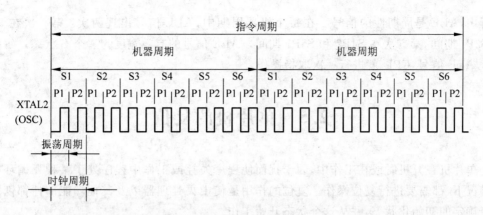

图 2-6 MCS-51 系列单片机各种周期间的相互关系图

器 PC 中的地址送到程序存储器,并从中取出需要执行指令的操作码和操作数。指令执行阶段,单片机对指令操作码进行译码,以产生一系列控制信号完成指令的执行。

图 2-7 列举了几种典型指令的取指和执行时序。对于绝大部分指令,在整个指令执行

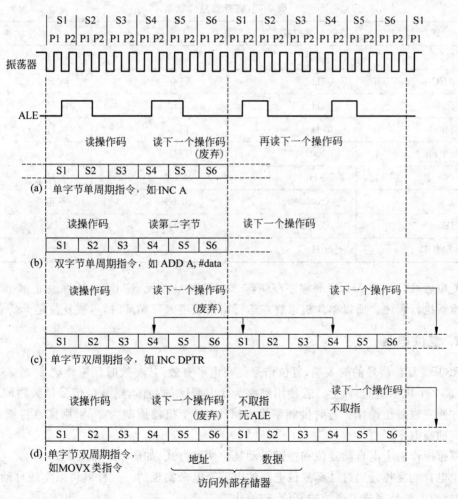

图 2-7 MCS-51 指令执行时序

过程中,ALE 是周期性的信号。在每个机器周期中,ALE 信号出现两次:第一次在 S1P2 和 S2P1 期间,第二次在 S4P2 和 S5P1 期间。ALE 信号的有效宽度为一个 S 状态。每出现一次 ALE 信号,CPU 就进行一次取指操作。

2.5　单片机的复位

单片机在开机时或在工作中,因干扰而使程序失控或工作中程序处于某种死循环状态等情况下,都需要进行复位操作。复位的作用是使中央处理器以及其他功能部件都恢复到一个确定的初始化状态,并从这个状态开始工作。

1. 复位状态

MCS-51 系列单片机复位后,程序计数器 PC 和特殊功能寄存器复位的状态如表 2-7 所示。复位不影响片内 RAM 存放的内容。

表 2-7　寄存器复位状态

寄存器	复位状态	寄存器	复位状态
PC	0000H	TCON	00H
ACC	00H	TL0	00H
PSW	00H	TH0	00H
SP	07H	TL1	00H
DPTR	0000H	TH1	00H
P0～P3	FFH	SCON	00H
IP	XX000000B	SBUF	不定
IE	0X000000B	PCON	0XXX0000B
TMOD	00H		

复位后,PC=0000H,指向程序存储器 0000H 地址单元,使 CPU 从首地址 0000H 单元开始重新执行程序。所以单片机系统在运行出错或进入死循环时,可按复位键重新启动。

2. 复位电路

RST 是复位信号的输入端,复位信号是高电平有效,其有效时间应持续 24 个振荡脉冲周期(即 2 个机器周期)以上。若使用频率为 12 MHz 的晶体,则复位信号持续时间应超过 2 μs 才能完成复位操作。若时钟频率为 6 MHz,每个机器周期为 2 μs,则需要持续 4 μs 以上时间的高电平。

复位操作有上电自动复位和按键手动复位两种方式,如图 2-8 和图 2-9 所示。

上电自动复位是通过外部复位电路的电容充电来实现的。这样就可以实现自动上电复位,即接通电源就完成了系统的复位、初始化。

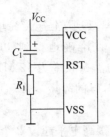

图 2-8　上电复位电路图

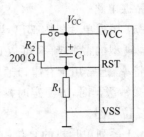

图 2-9　按键手动复位电路图

按键手动复位是通过使复位端经电阻与 V_{CC} 电源接通而实现的，它兼具上电复位功能。

对于 12 MHz 晶振而言，电路中的电阻（$R_1 = 8.2$ kΩ）、电容参数（$C_1 = 10$ μF）能保证复位信号高电平的持续时间大于 2 个机器周期；$R_2 = 200$ Ω。

2.6　单片机最小系统

单片机能够运行的最基本配置称为单片机最小系统。51 系列单片机及其兼容机中，很多单片机内部都集成了计算机的基本部分，只要在外围接上复位及晶振电路就可构成最小应用系统。

它主要包括 3 个部分，如图 2-10 所示，各部分说明如下：

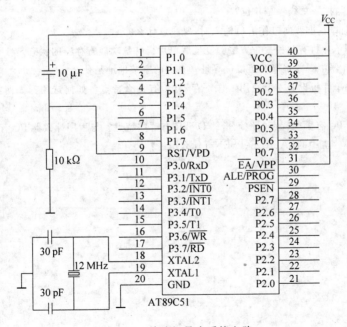

图 2-10　单片机最小系统电路

（1）电源电路

MCS-51 单片机是 5 V 供电。使用时要将 40 脚接 V_{CC}（也就是 +5 V），20 脚接地 GND。

（2）晶振电路

MCS-51 系列单片机内部已具备振荡电路，只要在 18 脚、19 脚上连接简单的石英振荡晶体即可，典型的晶振频率可以选取 11.0592 MHz，它可以准确地得到 9600 波特率和 19 200 波特率，通常用于有串口通信的场合。另一个典型的晶振频率为 12 MHz，它可以产生精确的微秒级延时，方便定时操作，本例采用的就是 12 MHz 的晶振。

（3）复位电路

MCS-51 系列单片机的复位引脚是第 9 脚，当此引脚连接高电平超过 2 个机器周期时，即可产生复位的动作。为了保证应用系统可靠地复位，在设计复位电路时，通常使 RST 引脚保持 10 ms 以上的高电平。复位电路有上电复位和手动复位两种，本例采用上电复位的形式。

 习题

2-1　MCS-51 系列单片机内部包含哪些主要逻辑功能部件？各有什么主要功能？

2-2　MCS-51 系列单片机的时钟周期、机器周期、指令周期是如何定义的？当振荡频率为 8 MHz 时，计算其时钟周期。

2-3　简述 MCS-51 系列单片机内部数据存储器的空间分配。访问外部数据存储器和程序存储器有什么本质区别？

2-4　PSW 的作用是什么？常用的状态标志位有哪几位？其作用是什么？能否位寻址？

2-5　MCS-51 系列单片机引脚中共有多少 I/O 线？它们与地址总线和数据总线有什么关系？其中地址总线、数据总线与控制总线各是几位？

2-6　什么是准双向口？准双向口作 I/O 输入时，要注意什么？

2-7　MCS-51 系列单片机有几种复位方法？复位后单片机特殊功能寄存器的状态是什么？

2-8　特殊功能寄存器中哪些寄存器可以位寻址？它们的字节地址是什么？

2-9　MCS-51 系列单片机设有 4 个通用工作寄存器组，有什么特点？如何选用？如何实现工作寄存器现场保护？

2-10　程序计数器 PC 有哪些特点？地址指针 DPTR 有哪些特点？与程序计数器 PC 有何异同？

2-11　AT89C51 单片机中的 $\overline{EA}$、ALE、$\overline{PSEN}$ 有什么用途？

第 3 章

MCS-51 系列单片机的指令系统

任何一个单片机都必须有软件和硬件配合才能达到预期的目的。软件主要是采用汇编语言或 C 语言进行编程,汇编语言对于理解单片机的结构有着非常重要的作用,所以对于汇编语言的学习一直是单片机应用系统学习的重点。本章主要通过详细的实例介绍单片机的寻址方式和指令系统。通过本章的学习,应掌握各种指令的应用,并且能够清楚地知道各指令的寻址方式。

3.1 指令系统简介

指令是指挥计算机工作的命令,是计算机软件的基本单元。单片机所有指令的集合称为指令系统,它是表征计算机性能的重要标志。MCS-51 系列单片机使用 42 种助记符,有 51 种基本操作。通过助记符以及指令中源操作数和目的操作数的不同组合构成了 MCS-51 系列单片机的 111 条指令。

3.1.1 指令格式

指令格式是指令的书面表达形式,汇编语言指令格式为:

[标号:] 操作码助记符 [目的操作数,] [源操作数] [;注释]

每部分构成一个字段,各字段之间用空格或规定的标点符号隔开,方括号内字段可有可无,方括号外字段必须要有。

例如:

```
LOOP: MOV A, #4FH ;A←#4FH
```

各字段的意义如下。

(1) 标号:指令的符号地址。它代表一条指令的机器代码存储单元的首地址。当某条指令可能被调用或作为转移的目的地址时,通常要在该指令前冠以标号。被赋予标号的指令就可以被用作其他指令的操作数使用。

(2) 操作码:表示指令进行何种操作,用助记符形式表示。一般为英语单词的缩写(例如上例中的 MOV)。

(3) 操作数:指令操作的对象。操作数分为目的操作数(上例中累加器 A)和源操作数(例如上例中的 #4FH),两者顺序不可颠倒。操作数可以是数字,也可以是标号或寄存器名等,有些指令不需要指出操作数。

(4) 注释:用来说明指令的功能,以便于对程序的阅读和理解。而它本身并不参与程序操作(如上例中的";A←♯4FH")。

3.1.2 指令分类

MCS-51 系列单片机共有 111 条指令,有 3 种不同的分类方法。

1. 按指令功能分类

按照指令的功能分类如下:

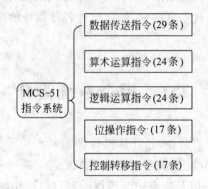

2. 按字节数分类

按照字节数分类如下。

(1) 单字节指令:只有一个字节的操作码,实际上操作数隐含其中。如指令"INC A"。在 MCS-51 指令系统中共有 49 条。

(2) 双字节指令:一个字节操作码,一个字节操作数。如指令"ADD A,♯32H",操作码为 24H,操作数为 32H,目的操作数隐含在操作码中。在 MCS-51 指令系统中共有 46 条。

(3) 三字节指令:一个字节操作码,两个字节操作数。如指令"MOV 5FH,4EH",该指令执行把 4EH 地址单元的内容送到 5FH 地址单元中去。在 MCS-51 指令系统中共有 16 条。

图 3-1 给出了以上 3 种形式在内存中的数据安排。

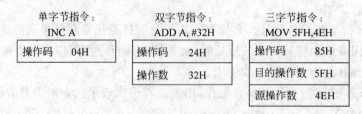

图 3-1 指令格式

3. 按指令执行的周期分类

按照指令执行的周期可分为：64 条单周期指令、45 条双周期指令、2 条四周期指令（乘法和除法）。以主频为 12 MHz 的单片机系统为例，单周期指令执行时间为 1 μs，双周期指令执行时间为 2 μs，四周期指令执行时间为 4 μs。

3.2　单片机寻址方式及实例解析

所谓寻址方式就是单片机指令中提供的操作数的形式，也就是寻找操作数或操作数所在地址的方式。在 51 系列单片机中，存放数据的存储器空间有 4 种：内部 RAM、特殊功能寄存器 SFR、外部 RAM 和程序存储器 ROM。其中，内部 RAM 和 SFR 统一编址，外部 RAM 和程序存储器是分开编址的。为了区别指令中操作数所处的地址空间，对于不同存储器的数据操作，采用不同的寻址方式。

1. 直接寻址

在指令中直接给出操作数所在存储单元的地址（一个 8 位二进制数），称为直接寻址。用符号 direct 表示。

直接寻址方式中操作数的存储空间共有 3 种：

（1）内部数据存储器的 128 个字节单元（00H～7FH）

例如：

```
MOV A,50H ; A←(50H)
```

该指令的功能是把内部 RAM 中 50H 单元中的内容送入累加器 A。

（2）位地址空间

例如：

```
MOV C,01H ;CY←(01H)
```

该指令的功能是把直接位 01H 内容送给进位位 CY。

（3）特殊功能寄存器

特殊功能寄存器只能用直接寻址方式访问。

例如：

```
MOV IE,#76H ; IE←76H
```

该指令的功能是把立即数 76H 送给中断允许寄存器 IE。

2. 立即寻址

指令中直接给出操作数的寻址方式称为立即寻址。

在 51 系列单片机指令系统中，立即数用前面加"♯"号的 8 位数（如♯20H）或 16 位数（如♯3054H）表示。

例如:

```
MOV A, #30H; A←30H
MOV A, 30H; A←(30H)
```

第一条指令的功能是把立即数 30H 送给累加器 A。而第二条指令是直接寻址,其功能是把 30H 单元的内容送给累加器 A。

3. 寄存器寻址

以通用寄存器的内容为操作数的寻址方式称为寄存器寻址。

通用寄存器包括:A、B、DPTR、R0~R7。其中 B 寄存器仅在乘法、除法指令中为寄存器寻址,在其他指令中为直接寻址。A 寄存器可以寄存器寻址,又可以直接寻址(此时写作 ACC)。直接寻址和寄存器寻址的差别在于,直接寻址是操作数所在的字节地址(占一个字节),寄存器寻址是寄存器编码出现在指令码中。寄存器寻址速度比直接寻址要快。除上面所指的几个寄存器外,其他特殊功能寄存器一律为直接寻址。

例如:

```
MOV A, R0 ;A←(R0)
```

该指令的功能是把通用寄存器 R0 中的内容送给累加器 A。

4. 寄存器间接寻址

以寄存器中的内容为地址,该地址的内容为操作数的寻址方式称为寄存器间接寻址。能够进行寄存器间接寻址的寄存器有:R0、R1、DPTR,用前面加 @ 表示,如 @R0、@R1、@DPTR。

寄存器间接寻址的存储空间包括内部数据存储器和外部数据存储器。由于内部数据存储器共有 128 字节,因此用一个字节的 R0 和 R1 可间接寻址整个空间。而外部数据存储器最大可达 64 KB,仅 R0 或 R1 无法寻址整个空间,为此需要由 P2 端口提供外部 RAM 高 8 位地址,由 R0 或 R1 提供低 8 位地址,由此共同寻址 64 KB 范围。也可用 16 位的 DPTR 寄存器间接寻址 64 KB 存储空间。

在指令中,对内部 RAM 寻址用 MOV 作为助记符,对外部 RAM 寻址用 MOVX 作为操作助记符。

例如:

```
MOV  @R0, A   ;((R0))←A
MOVX A, @R1   ;A←((R1))
MOVX @DPTR, A ;((DPTR))←A
```

第一条指令的功能是将累加器 A 中的内容送给以 R0 内容为地址的内部 RAM 单元中,第二条指令的功能是将以 R1 内容为地址的外部 RAM 单元中的内容送给累加器 A,第三条指令的功能是将累加器 A 中的内容送给以 DPTR 内容为地址的外部 RAM 单元中。

5. 变址寻址

由寄存器 DPTR 或 PC 中的内容加上累加器 A 内容之和形成操作数地址的寻址方式称为变址寻址。变址寻址只能对程序存储器中的数据进行寻址操作。由于程序存储器是只读存储器,因此变址寻址只有读操作而无写操作。在指令符号上采用 MOVC 的形式。

变址寻址方式有两类:

(1) 以程序计数器当前值为基址。

例如:

```
MOVC A,@ A+PC      ;(PC)+1→(PC), ((PC)+(A))→A
```

该指令的功能是先将 PC 指向下一条指令地址,然后再与累加器内容相加,形成变址寻址的单元地址,将此单元地址的内容送到累加器 A 中。

(2) 以数据指针 DPTR 为基址,以数据指针内容和累加器内容相加形成变址寻址的单元地址,将此单元地址的内容送到累加器 A 中。

例如:

```
MOVC A,@ A+DPTR      ;A←((A)+(DPTR))
```

6. 相对寻址

以程序计数器 PC 的当前值为基址,加上相对寻址指令的字节长度,再加上指令中给定的偏移量 rel 的值(rel 是一个 8 位带符号数,用二进制补码表示),形成相对寻址的地址。

例如:

```
JNZ 60H
```

假定指令存放的首地址是 2010H(PC 当前值),则指令操作码 70H 存放在 2010H 单元,偏移量 60H 存放在 2011H 单元。指令执行时,首先 PC 值修正为 2012H(PC 当前值加 2)。又假定累加器 A 中的值不为零,满足转移条件,则程序将转移到

```
2012H+60H=2072H
```

处执行。

相对寻址只适用于对程序存储器的访问,转移指令多采用这种寻址方式。

7. 位寻址

MCS-51 系列单片机设有独立的位处理器,又称布尔处理器。对位地址中的内容进行位操作的寻址方式称为位寻址。

由于单片机中只有内部 RAM 和特殊功能寄存器的部分单元有位地址,因此位寻址只能对有位地址的这两个空间进行寻址操作。位寻址是一种直接寻址方式,由指令给出直接位地址。与直接寻址不同的是,位寻址只给出位地址,而不是字节地址。

例如:

```
MOV C, 20H
```

该指令的功能是将位 20H 中的内容送给进位位 CY。

3.3 单片机指令系统及实例解析

在描述指令系统时,为了表达方便,经常会用到一些特殊符号,这些符号及其代表的含义如表 3-1 所示。

表 3-1 指令系统中常见符号及其含义

符　号	含　义
Rn	当前工作寄存器 R0~R7, n＝0~7
@Ri	用于间接寻址的当前寄存器,只能是 R0 或 R1,i＝0 或 1
#data	8 位立即数,数据范围 00H~FFH
#data16	16 位立即数,数据范围 0000H~FFFFH
direct	8 位直接地址,既可以表示内部 RAM 低 128 单元地址,也可以是 SFR 的单元地址或符号,在指令中表示直接寻址方式
@DPTR	表示以 DPTR 为数据指针的间接寻址,对外部 64 KB RAM/ROM 或 I/O 口寻址
bit	位地址
addr11	低 11 位目标地址
addr16	16 位目标地址
rel	8 位带符号地址偏移量(用补码表示)
$	指令的当前地址
/	加在位地址前面,表示对该位取反
(×)	某寄存器或某单元的内容
((×))	某间接寻址单元中的内容
←	表示数据传送的方向
↔	表示数据交换

3.3.1 数据传送指令

数据传送类指令是指令系统中使用最频繁的指令,主要用于数据保存及数据交换等场合。按其操作方式又可分为数据传送、数据交换和栈操作。数据传送类指令用到的助记符有 MOV、MOVX、MOVC、XCH、XCHD、PUSH、POP 等。

1. 内部数据传送指令 MOV

指令格式

（1）以累加器 A 为目的操作数的数据传送指令

```
MOV   A, #data    ;A←data,立即数 data 传送至累加器 A
MOV   A, direct   ;A←(direct),直接地址中的内容传给 A
MOV   A, Rn       ;A←(Rn),n=0~7,工作寄存器的内容传给 A
MOV   A, @ Ri     ;A←((Ri)),R0 或 R1 所指地址中的内容传给 A
```

（2）以直接地址 direct 为目的操作数的传送指令

```
MOV   direct, A           ;direct←(A),A 的内容传给直接地址
MOV   direct, Rn          ;direct←(Rn),工作寄存器内容传给直接地址
MOV   direct2, direct1    ;direct2←(direct1),直接地址内容传给直接地址
MOV   direct, #data       ;direct←data,立即数传给直接地址
MOV   direct, @ Ri        ;direct←((Ri)),R0 或 R1 所指地址的内容传给直接地址
```

（3）以寄存器 Rn 为目的操作数的传送指令

```
MOV   Rn, #data           ;Rn←data,立即数传给工作寄存器
MOV   Rn, direct          ;Rn←(direct),直接地址的内容传给工作寄存器
MOV   Rn, A               ;Rn←(A),累加器 A 的内容传给工作寄存器
```

（4）以@Ri 为目的操作数的传送指令

```
MOV   @ Ri, #data         ;(Ri)←data,立即数传给 R0 或 R1 内容所指的地址单元
MOV   @ Ri, direct        ;(Ri)←(direct),直接地址传给 Ri 内容所指地址单元
MOV   @ Ri, A             ;(Ri)←(A),累加器 A 内容传给 Ri 内容所指地址单元
```

（5）16 位数据传送指令

```
MOV   DPTR, #data16       ;DPH←data15~8,立即数高 8 位传给寄存器 DPH
                          ;DPL←data7~0,立即数低 8 位传给寄存器 DPL
```

指令功能

把源操作数指定的字节变量复制到目的操作数指定的单元或寄存器中,源字节不变。

指令说明

该指令的源操作数和目的操作数都在单片机内部,可以是片内 RAM 地址,也可以是特殊功能寄存器 SFR 的地址(立即数除外)。

实例解析

例 3-1　已知(R1)= 3BH,(R0)= 27H,(27H)= 9DH,(A)= 3BH。为以下顺序执行语句添加注释。

```
MOV   A, #50H       ;(A)=50H,立即数 50H 传给 A
MOV   A, 27H        ;(A)=9DH,直接地址 27H 的内容 9DH 传给 A
MOV   A, R1         ;(A)=3BH,工作寄存器 R1 内容传给 A
MOV   A, @ R0       ;(A)=9DH,R0 所指地址 27H 的内容 9DH 传给 A
MOV   20H, A        ;(20H)=9DH,A 的内容传给直接地址 20H
MOV   20H, R0       ;(20H)=27H,R0 的内容传给直接地址 20H
MOV   20H, 27H      ;(20H)=9DH,直接地址 27H 的内容传给地址 20H
MOV   20H, #0FFH    ;(20H)=0FFH,立即数传给 20H
```

```
MOV   20H, @ R0       ;(20H)=9DH,R0 所指地址 27H 内容传给 20H
MOV   R1, #27H        ;(R1)=27H,立即数传给 R1
MOV   R1, 27H         ;(R1)=9DH,27H 内容传给 R1
MOV   R1, A           ;(R1)=9DH,A 的内容传给 R1
MOV   @ R0, #80H      ;(27H)=80H,立即数传给 R0 所指地址 27H
MOV   @ R0, A         ;(27H)=9DH,A 的内容传给 R0 所指地址 27H
MOV   DPTR, #1234H    ;(DPH)=12H, (DPL)=34H
```

例 3-2　设内部 RAM 20H 单元内容为 30H,30H 单元内容为 10H,P1 口作为输入口,其输入的数据为 78H。试判断下列程序的执行结果。

```
MOV   R0, #20H             ;(R0)=20H,立即数送 R0
MOV   A, @ R0              ;(R0)=20H,(20H)=30H,故 (A)=30H
MOV   R1, A               ;(A)=30H,故 (R1)=30H
MOV   B, @ R1             ;(R1)=30H,(30H)=10H,故 (B)=10H
MOV   @ R1, P1            ;(R1)=30H,(P1)=78H,故 (30H)=78H
MOV   P2, P1             ;(P1)=(P2)=78H
```

执行结果:(R0)=20H,(A)=(R1)=30H,(B)=10H,(P1)=(P2)=(30H)=78H。

2. 外部数据存储器读写指令 MOVX

指令格式

```
MOVX   A, @ DPTR        ;A←((DPTR)),DPTR 所指外部存储器地址单元内容传给 A
MOVX   @ DPTR, A        ;(DPTR)←(A),A 的内容传给 DPTR 所指外部地址单元
MOVX   A, @ Ri          ;A←((Ri)),Ri 所指外部存储器地址单元内容传给 A
MOVX   @ Ri, A          ;(Ri)←(A),A 的内容传给 Ri 所指外部存储器地址单元
```

指令功能

访问片外 RAM 或扩展的 I/O 口。

实例解析

例 3-3　将片外 RAM 中 1000H 单元的内容送入片外 RAM 的 56H 单元,将片外 RAM 中 78H 单元的内容送入片外 RAM 的 1010H 单元。

```
MOV   R0, #56H        ;(R0)=56H
MOV   DPTR, #1000H    ;(DPTR)=1000H,指针 DPTR 指向片外 1000H 单元
MOVX  A, @ DPTR       ;(A)=(1000H),片外存储器 1000H 单元内容传给 A
MOVX  @ R0, A         ;(56H)=(A),片外 1000H 单元内容送入片外 56H 单元
MOV   R0, #78H        ;(R0)=78H
MOV   DPTR, #1010H    ;(DPTR)=1010H,指针 DPTR 指向片外 1010H 单元
MOVX  A, @ R0         ;(A)=(78H),片外 78H 单元内容传给 A
MOVX  @ DPTR, A       ;(1010H)=(A),片外 78H 内容送入片外 1010H 单元
```

例 3-4　编写程序将外部 RAM 中 2000H 单元中的内容送入片内 RAM 的 60H 单元中。

```
MOV   DPTR,#2000H     ;(DPTR)=2000H,设指针
```

```
MOVX  A,@ DPTR        ;(A)=(2000H),片外 2000H 单元内容传给 A
MOV   60H,A           ;(60H)=(A)=(2000H),片外 2000H 单元内容送入片内 60H 单元
```

3. 程序存储器读指令 MOVC

指令格式

```
MOVC  A, @ A+DPTR     ;A←((A)+(DPTR))
MOVC  A, @ A+PC       ;A←((A)+(PC))
```

指令功能

把累加器 A 作为变址寄存器,将其中的内容与基址寄存器(DPTR、PC)的内容相加,得到程序存储器某单元的地址,再把该地址单元中的内容送累加器 A。指令执行后,不改变基址寄存器的内容。

指令说明

本指令主要用于查表,即完成从程序存储器读取数据的功能。但基址寄存器 DPTR 和 PC 的适用范围不同。

(1) 当以 DPTR 作为基址寄存器时,查表时 DPTR 用于存放表格的起始地址。由于用户可以很方便地通过 16 位数据传送指令给 DPTR 赋值,因此该指令适用范围较广,表格常数可以设置在 64KB 程序存储器中的任何位置。

(2) 当以 PC 作为基址寄存器时,由于 A 为 8 位无符号数,这就使得该指令查表范围为以 PC 当前值开始后的 256 个地址范围。

实例解析

例 3-5　已知寄存器 R1 中有一个 0~9 范围内的数,用以上查表指令编出能查出该数平方值的程序。

(1) 以 DPTR 作为基址寄存器

```
        MOV   A, R1
        MOV   DPTR, #2000H
        MOVC  A, @ A+DPTR    ;查表
        ⋮
        RET
2000H   DB    0,1,4,9,16,25,36,49,64,81
```

若(R1)=3,查表得 9 并存于 A 中;若(R1)=6,查表得 36 并存于 A 中。

(2) 以 PC 作为基址寄存器

```
        ORG   2000H
2000H   MOV   A, R1
2001H   ADD   A, #03H        ;加修正量
2003H   MOVC  A, @ A+PC      ;查表
2004H   MOV   20H, A
2006H   RET
2007H   DB    0,1,4,9,16,25,36,49,64,81
```

若(R1)= 4,查表得 16 并存于 A 中。

查表指令所在单元为 2003H,取指令后的 PC 当前值为 2004H。若 A 不加修正量调整,将出现查表错误。

修正量＝表头首地址－PC 当前值＝2007H－2004＝03H。所以这里修正量为 03H("MOV 20H,A"指令占 2 个字节,RET 指令占 1 个字节)。由于 A 为 8 位无符号数,因此查表指令和被查表格通常在同一页内(页内地址 00H～FFH)。

例 3-6　编写程序,将外部 ROM 中的 1000H 单元的内容送到外部 RAM 的 10H 单元中。

```
MOV   DPTR,#1000H   ;(DPTR)=1000H,程序存储器地址
MOV   A,#00H        ;(A)=00H,变址寄存器 A 清 0
MOVC  A,@ A+DPTR    ;(A)=(1000H+00H),程序存储器 1000H 单元内容送 A
MOV   R0,#10H       ;(R0)=10H,外部 RAM 地址
MOVX  @ R0,A        ;((R0))=(10H)=(A)=(1000H),1000H 内容送外部 RAM 10H
```

4. 堆栈操作指令 PUSH、POP

堆栈是一个先进后出的区域。栈指针为 SP,它指出栈顶的位置。

1) 进栈指令

指令格式

```
PUSH direct ; SP←(SP)+1, SP←(direct)
```

指令功能

把指令中直接地址中的内容送入当前栈指针加 1 的单元中去。

指令说明

(1) 栈指针的内容加 1。

(2) 把直接地址单元中的内容送入栈指针所指的单元中。

实例解析

例 3-7　为下列进栈程序代码添加注释。

```
MOV   30H,#12H   ;(30H)=12H
MOV   SP,#50H    ;设栈顶,(SP)=50H
PUSH  30H        ;(SP)=51H,(51H)=(30H)=12H
```

例 3-8　设(SP)=60H,数据指针 DPTR 内容为 2000H。试分析执行下列程序后的结果。

```
PUSH DPL   ;(SP)=(SP)+1=61H,(61H)=(DPL)=00H
PUSH DPH   ;(SP)=(SP)+1=62H,(62H)=(DPH)=20H
```

执行结果:(SP)=62H,(61H)=00H,(62H)=20H。

2) 出栈指令 POP

指令格式

```
POP direct    ;(direct)←((SP)),SP←(SP)-1
```

指令功能

把栈指针 SP 所指的内部 RAM 单元内容送入直接地址指出的字节单元中。

指令说明

(1) 把栈指针 SP 所指的内部 RAM 单元内容送入直接地址指出的字节单元中。

(2) 栈指针的内容减 1。

实例解析

例 3-9　为下列出栈程序代码添加注释。

```
MOV   50H, #34H   ;(50H)=34H
MOV   SP, #50H    ;设栈顶,(SP)=50H
POP   30H         ;(30H)=34H,(SP)=4FH
```

例 3-10　设(30H)=10H,(40H)=20H。试用堆栈作为缓冲器,编制程序将 30H 和 40H 单元的内容进行交换。

```
MOV   SP,#60H     ;令栈顶指针指向 60H 单元
PUSH  30H         ;(SP)=(SP)+1=61H,(61H)←10H
PUSH  40H         ;(SP)=(SP)+1=62H,(62H)←20H
POP   30H         ;(30H)←20H,(SP)=(SP)-1=61H
POP   40H         ;(40H)←10H,(SP)=(SP)-1=60H
```

5. 数据交换指令 XCH、XCHD、SWAP

(1) 整字节交换指令 XCH

指令格式

```
XCH  A, Rn       ;(A)↔(Rn),累加器 A 与工作寄存器内容互换
XCH  A, direct   ;(A)↔(direct),A 与直接地址单元内容互换
XCH  A, @ Ri     ;(A)↔((Ri)),A 与 Ri 所指地址单元内容互换
```

指令功能

把累加器 A 的内容与内部 RAM 及 SFR 中的内容相互交换。

指令说明

影响 P 标志位。

实例解析

例 3-11　为下列整字节交换程序代码添加注释。

```
MOV   R0, #20H       ;(R0)=20H
MOV   20H, #75H      ;(20H)=75H
MOV   A, #3FH        ;(A)=3FH
XCH   A, @ R0        ;(A)=75H,(20H)=3FH
XCH   A, R0          ;(A)=20H,(R0)=75H
XCH   A, 20H         ;(A)=3FH,(20H)=20H
```

(2) 低半字节交换指令 XCHD

指令格式

```
XCHD A, @ Ri             ;(A)_{3-0}↔((Ri))_{3-0}
```

指令功能

累加器 A 的低 4 位与片内 RAM 某单元的低 4 位交换,高 4 位不变。

实例解析

例 3-12　为下列低半字节交换程序代码添加注释。

```
MOV   R0, #20H      ;(R0)=20H
MOV   20H, #75H     ;(20H)=75H
MOV   A, #3FH       ;(A)=3FH
XCHD  A, @R0        ;(A)=35H,(20H)=7FH
```

(3) 累加器高低半字节交换指令 SWAP

指令格式

```
SWAP A              ;(A)₃~₀ ↔ (A)₇~₄
```
SWAP A　　　　　　　　$;(A)_{3\sim0} \leftrightarrow (A)_{7\sim4}$

指令功能

将累加器 A 中的高 4 位与低 4 位内容互换。

指令说明

不影响标志位。

实例解析

例 3-13　为下列字节交换程序代码添加注释。

```
MOV   A, #78H      ;(A)=78H
SWAP  A            ;(A)=87H
```

例 3-14　设内部 RAM 40H、41H 单元中连续存放有 4 个压缩的 BCD 码数据。试编程序将这 4 个 BCD 码倒序排列。

```
MOV   A,41H        ;(A)←(41H)
SWAP  A            ;41H单元中的 2 位 BCD 码相互交换
XCH   A,40H        ;交换后的 41H 内容与 40H 交换
SWAP  A            ;原 40H 中的 2 位 BCD 码交换
MOV   41H,A        ;排序结束
```

3.3.2　算术指令

算术运算类指令包括加、减、乘、除四则运算以及增 1、减 1 和二—十进制调整操作。这类指令直接支持 8 位无符号数操作,借助于溢出标志位可对带符号数进行补码运算。算术运算类指令的执行结果对程序状态字 PSW 的具体影响见表 3-2。

表 3-2　算术运算类指令对标志位的影响

指令助记符	对标志位的影响		
	CY	OV	AC
ADD(加)	√	√	√

续表

指令助记符	对标志位的影响		
	CY	OV	AC
ADDC(带进位加)	√	√	√
SUBB(带借位减)	√	√	√
MUL(乘)	0	√	—
DIV(除)	0	√	—
DA(二—十进制调整)	√	—	√
INC	—	—	—
DEC	—	—	—

注:"√"表示可置 1 或清 0,"0"表示总清 0,"—"表示无影响。

1. 加法指令 ADD、ADDC

1) ADD

指令格式

```
ADD  A, #data      ;A←(A)+data
ADD  A, direct     ;A←(A)+(direct)
ADD  A, Rn         ;A←(A)+(Rn)
ADD  A, @ Ri       ;A←(A)+((Ri))
```

指令功能

把源字节变量与累加器 A 的内容相加,结果保存在累加器 A 中。

指令说明

使用中应注意以下问题:

(1) 参加运算的两个操作数是 8 位二进制数,操作结果也是 8 位二进制数,且运算对 PSW 中所有标志位都产生影响。

(2) 用户可以根据需要把参加运算的两个操作数看成无符号数(0~255),也可以把它们看作是带符号数。若看作带符号数,则通常采用补码形式(−128~+127)。例如,若把二进制数 1001 1010B 看作无符号数,则该数的十进制值为 154;若把它看作带符号数,则它的十进制值为−102。

(3) 无符号数运算时,要判断运算结果是否超出范围(0~255),可以看进位标志位 CY。若 CY=1 则表示运算结果大于 255,若 CY=0 则表示运算结果小于等于 255。带符号数运算时,要判断运算结果是否超出范围(−128~+127),可以看溢出标志位 OV。OV=1 表示溢出;OV=0 则表示无溢出。OV=C7⊕C6,其中 C7 为最高位进位位,C6 为次高位进位位。

实例解析

例 3-15 无符号数相加。

设累加器中有无符号数 75H,执行指令"ADD A,#8FH",结果为 104H(260),大于 FFH(255),CY=1,产生溢出。

$$
\begin{array}{r}
0\,1\,1\,1\,0\,1\,0\,1\,\ 75\mathrm{H} \\
+\ 1\,0\,0\,0\,1\,1\,1\,1\,\ 8\mathrm{FH} \\
\hline
1\,0\,0\,0\,0\,0\,1\,0\,0\,\ 104\mathrm{H}
\end{array}
$$

2) ADDC

指令格式

```
ADDC  A, #data      ;A←(A)+data+(CY)
ADDC  A, direct     ;A←(A)+(direct)+(CY)
ADDC  A, Rn         ;A←(A)+(Rn)+(CY)
ADDC  A, @ Ri       ;A←(A)+((Ri))+(CY)
```

指令功能

将累加器 A 的内容加当前 CY 标志位内容,再加源操作数,将和存于累加器 A 中。

指令说明

该指令对标志位的影响,进位和溢出情况与 ADD 指令完全相同。

实例解析

例 3-16　设(A)=D2H,(R0)=ABH,(C)=1,执行指令"ADDC A, R0":

$$
\begin{array}{r}
1\,1\,0\,1\,0\,0\,1\,0 \\
1\,0\,1\,0\,1\,0\,1\,1 \\
+\ 0\,0\,0\,0\,0\,0\,0\,1 \\
\hline
1\,0\,1\,1\,1\,1\,1\,0
\end{array}
$$

结果为:(CY)=1,(OV)=1,(AC)=0,(A)=7EH。本例操作结果的值,可根据操作数是无符号数还是有符号数进行判别。若操作数为无符号数,则结果为 382;若为有符号数,则结果为−130。

2. 带借位减法指令 SUBB

指令格式

```
SUBB  A, #data      ;A←(A)-data-(CY)
SUBB  A, direct     ;A←(A)-(direct)-(CY)
SUBB  A, Rn         ;A←(A)-(Rn)-(CY)
SUBB  A, @ Ri       ;A←(A)-((Ri))-(CY)
```

指令功能

从累加器 A 中减去指定的字节变量和进位标志(即减法的借位),结果存入累加器 A 中。

指令说明

够减时,C 复位;不够减时,C 置位。当位 3 产生借位时,AC 置位;否则复位。当位 6 及位 7 只有一个产生借位时,OV 标志位置位;否则复位。

实例解析

例 3-17　设(A)=C9H,(R2)=54H,(C)=1,执行指令"SUBB A, R2":

$$
\begin{array}{r}
1\,1\,0\,0\,1\,0\,0\,1 \\
0\,1\,0\,1\,0\,1\,0\,0 \\
-\,\ 0\,0\,0\,0\,0\,0\,0\,1 \\
\hline
0\,0\,1\,1\,1\,0\,1\,0\,0
\end{array}
$$

结果为：(A)＝74H，(C)＝0，(AC)＝0，(OV)＝1。

可以看出，C 标志是把两个操作数当作无符号数运算时产生的。OV 标志则是把两个操作数当作有符号数运算时产生的。OV 置 1 说明有符号数运算时产生了溢出。本例中 OV 位为 1，说明了一个负数减去一个正数得到了一个正数。

3. 加 1、减 1 指令 INC、DEC

(1) 加 1 指令 INC

指令格式

```
INC   A        ;A←(A)+1
INC   direct   ;direct←(direct)+1
INC   Rn       ;Rn←(Rn)+1
INC   @ Ri     ;(Ri)←((Ri))+1
INC   DPTR     ;DPTR←(DPTR)+1
```

指令功能

对操作数进行加 1 操作。

指令说明

"INC A"指令影响 PSW 的 P 标志位，其余 INC 指令不影响任何标志位。

实例解析

例 3-18　设(R0)＝2EH，(2EH)＝FFH，(2FH)＝30H。执行下列指令：

```
INC   @ R0     ;(2EH)=FFH+1=00H
INC   R0       ;(R0)=2EH+1=2FH
INC   @ R0     ;(2FH)=30H+1=31H
```

(2) 减 1 指令 DEC

指令格式

```
DEC   direct    ;direct←(direct)-1
DEC   Rn        ;Rn←(Rn)-1
DEC   @ Ri      ;(Ri)←((Ri))-1
```

指令功能

对操作数进行减 1 操作。

指令说明

"DEC A"指令影响 PSW 的 P 标志位，其余 DEC 指令不影响任何标志位。

实例解析

例 3-19　设(R0)＝3FH，(3EH)＝00H，(3FH)＝20H。执行下列指令：

```
DEC   @ R0       ;(3FH)=(3FH)-1=20H-1=1FH
DEC   R0         ;(R0)=(R0)-1=3FH-1=3EH
DEC   @ R0       ;(3EH)=(3EH)-1=00H-1=FFH
```

4. 乘法指令 MUL

指令格式

```
MUL   AB          ;BA←(A)×(B)
```

指令功能

把累加器 A 和寄存器 B 中的两个 8 位无符号二进制数相乘,积的高 8 位存放在 B 寄存器中,积的低 8 位存放在累加器 A 中。

指令说明

运算结果将对 CY、OV、P 标志位产生如下影响:

(1) 进位标志位 CY 总是清 0。

(2) P 标志位仍为累加器 A 的奇偶校验位。

(3) 当积大于 255(B 中的内容不为 0)时,OV=1;否则 OV=0。

实例解析

例 3-20 对下列程序进行分析。

```
MOV   A, #30H
MOV   B, #0C0H
MUL   AB
```

结果为:(A)×(B)=2400H(9216),(B)=24H,(A)=00H,(OV)=1,(C)=0。

5. 除法指令 DIV

指令格式

```
DIV   AB          ;A(商)B(余数)←(A)/(B)
```

指令功能

把累加器 A 中的 8 位无符号整数除以寄存器 B 中的 8 位无符号整数,所得的商存在 A 中,余数存在 B 中。

指令说明

本指令对 CY 和 P 标志位的影响与乘法运算相同。当除数为 0 时,除法没有意义,OV=1;否则,OV=0。

实例解析

例 3-21 对下列程序进行分析。

```
MOV   A, #0ECH
MOV   B, #13H
DIV   AB
```

结果为:(A)=0CH(商 12),(B)=08H(余数 8),(OV)=0,(C)=0。

6. 十进制调整指令 DA

指令格式

```
DA    A       ;BCD 码调整
```

指令功能

对累加器参与的加法运算的结果进行十进制调整。

两个压缩的 BCD(一个字节存放两位 BCD 码)数按二进制加法(ADD 或 ADDC)运算之后,对其结果(A 中的二进制数)必须经过二进制调整指令的调整,才能获得正确的压缩 BCD 码和数。

比如,两个压缩 BCD 码数相加:24H+55H=79H,结果还是 BCD 码。

$$
\begin{array}{r}
0\,0\,1\,0\,0\,1\,0\,0 \\
+\ 0\,1\,0\,1\,0\,1\,0\,1 \\
\hline
0\,1\,1\,1\,1\,0\,0\,1
\end{array}
$$

但是,56H+67H=BDH,结果就不是 BCD 码。

$$
\begin{array}{r}
0\,1\,0\,1\,0\,1\,1\,0 \\
+\ 0\,1\,1\,0\,0\,1\,1\,1 \\
\hline
1\,0\,1\,1\,1\,1\,0\,1
\end{array}
$$

可以看出,当两个 BCD 码对应位之和在 0~9 之间时,结果仍是 BCD 码;当和数大于 9 时,结果就不是 BCD 码。

"DA A"指令在执行过程中自动选择修正值的规则是:

(1) 若$(A)_{3\sim0}>9$ 或$(AC)=1$,则执行$(A)_{3\sim0}+6\rightarrow(A)_{3\sim0}$;

(2) 若$(A)_{7\sim4}>9$ 或$(C)=1$,则执行$(A)_{7\sim4}+6\rightarrow(A)_{7\sim4}$。

指令说明

本指令使用时跟在 ADD 或 ADDC 指令之后,不能用 DA 指令对 BCD 码减法操作进行直接调整。本指令不影响溢出标志位 OV。

实例解析

例 3-22　对下列程序进行分析。

```
MOV   A, #30H
ADD   A, #99H
DA    A
```

执行情况如下:

$$
\begin{array}{r}
0\,0\,1\,1\,0\,0\,0\,0 & 30 & \text{BCD 码} \\
+\ 1\,0\,0\,1\,1\,0\,0\,1 & 99 & \text{BCD 码} \\
\hline
1\,1\,0\,0\,1\,0\,0\,1 & & \\
+\ 0\,1\,1\,0\,0\,0\,0\,0 & 6 & \text{调整值} \\
\hline
1\,0\,0\,1\,0\,1\,0\,0\,1 & 129 & \text{BCD 码}
\end{array}
$$

例 **3-23**　计算 X×10＋Y。X、Y 是两个 8 位无符号数，分别存放在 50H、51H 单元中。计算结果存入 52H、53H 单元中。

```
MOV    A, 50H       ;X→A
MOV    B, #10        ;B←10
MUL    AB           ;10×X
MOV    52H,B        ;积的高 8 位存入 52H 单元
MOV    53H,A        ;积的低 8 位存入 53H 单元
ADD    A,51H        ;Y+积的低 8 位
MOV    53H,A        ;保存结果的低 8 位
MOV    A,#00H        ;A 清 0
ADDC   A,52H        ;积的高 8 位+CY+0
MOV    52H,A        ;保存结果高 8 位
```

例 **3-24**　设在内部 RAM 的 30H 单元中存放一个 8 位二进制数，试编程将该数转换成相应的 BCD 码并由高位到低位顺序存入内部 RAM 以 70H 为首址的 3 个连续单元中。

```
MOV    R0,#70H       ;设置存数指针 R0 初值
MOV    A.30H         ;取被转换的二进制数
MOV    B,#100        ;设除数为 100
DIV    AB            ;除以 100,求得百位数
MOV    @ R0,A        ;将百位数送指定单元
INC    R0            ;将指针指向下一个单元
MOV    A,#10         ;设除数为 10
XCH    A,B           ;将 A、B 中的数进行交换,(A)=余数,(B)=10
DIV    AB            ;除以 10,(A)=十位数,(B)=余数=个位数
MOV    @ R0,A        ;将十位数送指定单元
INC    R0            ;将指针指向下一个单元
XCH    A,B           ;(A)=个位数
MOV    @ R0,A        ;存个位数
```

3.3.3　逻辑指令

逻辑运算类指令包括"与"、"或"、"异或"、清除、求反、左右移位等逻辑操作，这类指令除了以累加器 A 为目的寄存器指令外，其余指令均不影响 PSW 中的标志位。

1. 逻辑"与"、"或"、"异或"指令：ANL、ORL、XRL

（1）逻辑"与"指令 ANL

指令格式

```
ANL   A, #data      ;A←(A)∧data
ANL   A, direct     ;A←(A)∧(direct)
ANL   A, Rn         ;A←(A)∧(Rn)
ANL   A, @ Ri       ;A←(A)∧((Ri))
ANL   direct, A     ;direct←(direct)∧(A)
```

```
ANL  direct, #data    ;direct←(direct)∧data
```

指令功能

源操作数和目的操作数按位"与"操作,结果存于目的操作数单元或寄存器。

指令说明

除前 4 条指令依据累加器 A 中 1 的个数影响奇偶标志位 P 的值外,其余所有指令不影响任何标志位。

实例解析

例 3-25　注释下列程序。

```
MOV  P1, #35H     ;(P1)=35H(00110101B)
MOV  A, #0FH      ;(A)=0FH(00001111B)
ANL  P1, A        ;(P1)=05H(00000101B)
```

(2) 逻辑"或"指令 ORL

指令格式

```
ORL  A, #data        ;A←(A)∨data
ORL  A, direct       ;A←(A)∨(direct)
ORL  A, Rn           ;A←(A)∨(Rn)
ORL  A, @ Ri         ;A←(A)∨((Ri))
ORL  direct, A       ;direct←(direct)∨(A)
ORL  direct, #data   ;direct←(direct)∨data
```

指令功能

源操作数和目的操作数按位"或"操作,结果存于目的操作数单元或寄存器。

指令说明

除前 4 条指令依据累加器 A 中 1 的个数影响奇偶标志位 P 的值外,其余所有指令不影响任何标志位。

实例解析

例 3-26　注释下列程序。

```
MOV  P1, #1EH       ;(P1)=1EH (00011110B)
MOV  A, #0F0H       ;(A)=F0H (11110000B)
ORL  P1, A          ;(P1)=FEH(11111110B)
```

(3) 逻辑"异或"指令 XRL

指令格式

```
XRL  A, #data        ;A←(A)⊕data
XRL  A, direct       ;A←(A)⊕(direct)
XRL  A, Rn           ;A←(A)⊕(Rn)
XRL  A, @ Ri         ;A←(A)⊕((Ri))
XRL  direct, A       ;direct←(direct)⊕(A)
XRL  direct, #data   ;direct←(direct)⊕data
```

指令功能

源操作数和目的操作数按位"异或"操作,结果存于目的操作数单元或寄存器。

指令说明

除前 4 条指令依据累加器 A 中 1 的个数影响奇偶标志位 P 的值外,其余所有指令不影响任何标志位。

实例解析

例 3-27 注释下列程序。

```
MOV  P1, #55H              ;(P1)=55H (01010101B)
MOV  A, #0FFH              ;(A)=FFH (11111111B)
XRL  P1, A                ;(P1)=0AAH(10101010B)
```

2. 累加器移位指令 RL、RLC、RR、RRC

(1) 累加器循环左移指令 RL

指令格式

RL A   ;$(A)_{n+1} \leftarrow (A)_n, (A)_0 \leftarrow (A)_7$

指令功能

A 的内容向左循环移 1 位,最高位移向最低位。

指令说明

不影响标志位,具体过程如下图所示:

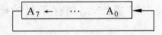

实例解析

例 3-28 注释下列程序。

```
MOV  A, #0C5H    ;(A)=C5H(11000101B)
RL   A          ;(A)=8BH(10001011B)
```

(2) 累加器连同 CY 循环左移指令 RLC

指令格式

RLC A;$(A)_{n+1} \leftarrow (A)_n, (A)_0 \leftarrow (CY), (CY) \leftarrow (A)_7$

指令功能

累加器 A 连同 CY 循环左移。

指令说明

只影响 CY 和 P 标志位,具体过程如下图所示:

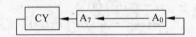

实例解析

例 3-29 注释下列程序。

```
CLR   C              ; (C) = 0
MOV   A, #0C5H       ; (A) = C5H (11000101B)
RLC   A              ; (A) = 8AH (10001010B)
```

例 3-30　(A) = 45H(01000101B)。试编写程序求得 A×2,结果存入 60H 单元。

方法一：

```
MOV   B, #2          ; (B) = 2
MUL   AB             ; A,B 中的内容相乘, (B) = 0, (A) = 8AH
MOV   60H,A          ; 结果存入 60H 单元
```

方法二：

```
CLR   C              ; (C) = 0
RLC   A              ; (A) 中的数循环左移 1 位, (A) = 8AH
MOV   60H,A          ; 保存结果
```

(3) 累加器循环右移指令 RR

指令格式

RR　A；$(A)_{n+1} \rightarrow (A)_n$, $(A)_0 \rightarrow (A)_7$

指令功能

累加器 A 循环右移。

指令说明

不影响标志位,具体过程如下图所示：

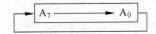

实例解析

例 3-31　注释下列程序。

```
MOV   A, #0C5H       ; (A) = C5H (11000101B)
RR    A              ; (A) = E2H (11100010B)
```

(4) 累加器连同 CY 循环右移指令 RRC

指令格式

RRC　A　　　；$(A)_{n+1} \rightarrow (A)_n$, $(A)_0 \rightarrow (CY)$, $(CY) \rightarrow (A)_7$

指令功能

累加器 A 连同 CY 循环右移。

指令说明

只影响 CY 和 P 标志位,具体过程如下图所示：

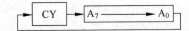

实例解析

例 3-32 注释下列程序。

```
CLR  C              ;(C)=0
MOV  A,#0C5H        ;(A)=C5H(11000101B)
RRC  A              ;(A)=62H (01100010B)
```

例 3-33 (A)=44H(01000100B),试编写程序求得 A/2,结果存入 60H 单元。

方法一:

```
MOV  B,#2      ;(B)=2
DIV  AB        ;A、B 中的内容相除,(A)=22H
MOV  60H,A     ;结果存入 60H 单元
```

方法二:

```
CLR  C         ;(C)=0
RRC  A         ;(A)中的数循环右移 1 位,(A)=22H
MOV  60H,A     ;保存结果
```

3. 清零、取反指令 CLR、CPL

(1) 清零指令 CLR

指令格式

```
CLR  A
```

指令功能

对累加器 A 清 0。

指令说明

只影响 P 标志位。

实例解析

例 3-34 注释下列程序。

```
MOV  A,#45H    ;(A)=45H(01000101B)
CLR  A         ;(A)=00H(00000000B)
```

(2) 取反指令 CPL

指令格式

```
CPL  A
```

指令功能

对累加器 A 的内容按位取反。

指令说明

不影响标志位。

实例解析

例 3-35 注释下列程序。

```
MOV   A, #5CH   ; (A)=5CH (01011100B)
CPL   A         ; (A)=A3H (10100011B)
```

3.3.4 转移指令

通过修改程序计数器 PC 的内容,就可以控制程序执行的走向。51 系列单片机指令系统提供的控制转移指令,就是修改 PC 的内容。

1. 无条件转移指令 LJMP、AJMP、SJMP、JMP

(1) 长转移指令 LJMP

指令格式

```
LJMP   addr16              ; PC←a15~0
```

指令功能

把指令中 16 位目标地址装入 PC,使程序执行下条指令时无条件转移到 addr16 处执行。

指令说明

不影响任何标志位。由于 addr16 是一个 16 位二进制地址(地址范围为 0000H ~ FFFFH),因此长转移指令是一条可以在 64 KB 范围内转移的指令。为了使程序设计方便易编,addr16 常采用标号地址(如 LOOP、LOOP1、MAIN、START、DONE、NEXT1…)表示,程序在编译时这些标号被汇编为 16 位二进制地址。

实例解析

例 3-36 注释下列程序。

```
1000H  LJMP   1289H     ;执行当前指令后,(PC)=1289H,程序跳转到 1289H 地址处开始执行
       …
1289H  LJMP T1          ;执行当前指令后,(PC)=1296H,程序跳转到 1296H 地址处开始执行
       …
1296H  T1: MOV A , R1
       …
```

(2) 绝对转移指令 AJMP

指令格式

```
AJMP   addr11              ; PC← (PC)+2
                           ; PC10~0←a10~0
                           ; PC15~11不变
```

指令功能

指令中提供 11 位地址,与 PC 当前值的高 5 位共同组成 16 位目标地址,程序执行下条指令时无条件转移到目标地址。

指令说明

绝对转移指令执行时分为两步:第一步是取指令操作,程序计数器 PC 中内容被加

1 两次；第二步是把 PC 加 2 后的高 5 位地址 $PC_{15\sim11}$ 和指令代码中低 11 位构成目标转移地址：

PC_{15}	PC_{14}	PC_{13}	PC_{12}	PC_{11}	a_{10}	a_9	a_8	a_7	a_6	a_5	a_4	a_3	a_2	a_1	a_0

其中，$a_{10\sim0}$ 的地址范围是 $0\sim7FFH$。因此，绝对转移指令可以在 2KB 范围内跳转。

（3）相对转移指令 SJMP

指令格式

```
SJMP rel                ;PC←(PC)+2
                        ;PC←(PC)+rel
```

指令功能

先使程序计数器 PC 加 1 两次，然后把加 2 后的地址和 rel 相加作为目标转移地址。

指令说明

相对转移指令是一条相对转移指令，是一条双字节双周期指令。

实例解析

例 3-37　注释下列程序。

```
1000H SJMP 89H          ;(PC)=1000H+2+89H=108BH 程序跳转到 108BH 地址处开始执行
      …
108BH T1:  …
```

（4）间接转移指令 JMP

指令格式

```
JMP @ A+DPTR            ;PC←(A)+(DPTR)
```

指令功能

将累加器 A 中的 8 位无符号数与 16 位数据指针相加，其和装入程序计数器 PC，控制程序转向目标地址。这是一条很有用的分支选择转移指令，转移地址不是在编程时确定的，而是在程序运行时动态决定的，这是与前 3 条转移指令的主要区别。

指令说明

通常，DPTR 中基地址是一个确定的值，常常是一张转移指令表的起始地址，累加器 A 中的值为表的偏移量地址，机器通过变址寻址转移指令便可实现程序的分支转移。

实例解析

例 3-38　根据累加器的数值设计散转程序。

```
      ORG   1000H
STR: MOV   DPTR, #TAB
      CLR   C
      RLC   A                    ;A=(A)×2
      JMP   @ A+DPTR
TAB: AJMP  KL0
      AJMP  KL1
```

```
    AJMP  KL2
    ...
```

当(A)＝00H 时,散转到 KL0;当(A)＝01H 时,散转到 KL1;当(A)＝02H 时,散转到 KL2。由于 AJMP 是双字节指令,所以 A 中的内容要先进行乘 2 调整。

2. 条件转移指令 JZ、JNZ、CJNE、DJNZ、JC、JNC、JB、JNB、JBC

(1) 累加器为零转移指令 JZ

指令格式

```
JZ rel        ;PC←(PC)+2
              ;若(A)=0,则 PC←(PC)+rel
              ;若(A)!=0,则顺序执行下一条指令
```

指令功能

累加器 A 为 0 则转移。

实例解析

例 3-39　将外部 RAM 的一个数据块(首地址为 DATA1)传送到内部数据 RAM(首地址为 DATA2),遇到传送的数据为 0 时停止传送。

```
START: MOV   R0, #DATA2       ;置内部 RAM 数据指针
       MOV   DPTR, #DATA1      ;置外部 RAM 数据指针
LOOP1: MOVX  A, @ DPTR         ;将外部 RAM 单元内容送 A
       JZ    LOOP2             ;判断传送数据是否为 0,为 0 则转移
       MOV   @ R0, A           ;传送数据不为 0,则传送数据至内部 RAM
       INC   R0                ;修改地址指针
       INC   DPTR              ;修改地址指针
       SJMP  LOOP1             ;继续传送
LOOP2: RET                     ;结束传送,返回主程序
```

(2) 累加器不为 0 转移指令 JNZ

指令格式

```
JNZ rel                ;PC←(PC)+2。
                       ;若(A)!=0,则 PC←(PC)+rel
                       ;若(A)=0,则顺序执行下一条指令
```

指令功能

累加器 A 不为 0 则转移。

实例解析

例 3-40　将外部 RAM 的一个数据块(首地址为 DATA1)传送到内部数据 RAM(首地址为 DATA2),遇到传送的数据为 0 时停止传送。

```
START: MOV   R0, #DATA2       ;置内部 RAM 数据指针
       MOV   DPTR, #DATA1      ;置外部 RAM 数据指针
LOOP1: MOVX  A, @ DPTR         ;将外部 RAM 单元内容送 A
```

```
        JNZ   LOOP2              ;判断传送数据是否为 0,不为 0 则转移
        RET                      ;结束传送,返回主程序
LOOP2: MOV  @ R0, A              ;传送数据不为 0,则送数据至内部 RAM
        INC   R0                 ;修改地址指针
        INC   DPTR               ;修改地址指针
        SJMP LOOP1               ;继续传送
```

（3）比较转移指令 CJNE

指令格式

```
CJNE  A, #data, rel         ;PC←(PC)+3
                            ;若 data<(A),则 PC←(PC)+rel,且 CY=0
                            ;若 data>(A),则 PC←(PC)+rel,且 CY=1
                            ;若 data=(A),则顺序执行下条指令,且 CY=0
CJNE  A, direct, rel        ;PC←(PC)+3
                            ;若 (direct)<(A),则 PC←(PC)+rel,且 CY=0
                            ;若 (direct)>(A),则 PC←(PC)+rel,且 CY=1
                            ;若 (direct)=(A),则顺序执行下条指令,且 CY=0
CJNE  Rn, #data, rel        ;PC←(PC)+3
                            ;若 data<(Rn),则 PC←(PC)+rel,且 CY=0
                            ;若 data>(Rn),则 PC←(PC)+rel,且 CY=1
                            ;若 data=(Rn),则顺序执行下条指令,且 CY=0
CJNE  @ Ri, #data, rel      ;PC←(PC)+3
                            ;若 data<((Ri)),则 PC←(PC)+rel,且 CY=0
                            ;若 data>((Ri)),则 PC←(PC)+rel,且 CY=1
                            ;若 data=((Ri)),则顺序执行下条指令,且 CY=0
```

指令功能

对目的字节和源字节进行比较,若它们的值不相等则转移,相等则按顺序执行程序。若目的字节小于源字节,则 CY 置 1,否则 CY 清 0。

指令说明

本指令执行后不影响任何操作数。

实例解析

例 3-41   当 P1 口输入数据为 55H 时,程序继续执行下去,否则等待,直到 P1 口输入数据 55H。

```
        MOV   A, #55H
WAIT: CJNE  A, P1, WAIT
        …
```

（4）减 1 不为 0 转移指令 DJNZ

指令格式

```
DJNZ Rn, rel                ;PC←(PC)+2,Rn←(Rn)-1
                            ;若 (Rn)!=0,则 PC←(PC)+rel
                            ;若 (Rn)=0,则顺序执行下条指令
```

```
DJNZ direct, rel              ;PC←(PC)+3,direct←(direct)-1
                              ;若(direct)!=0,则 PC←(PC)+rel
                              ;若(direct)=0,则顺序执行下条指令
```

指令功能

本指令为减 1 后与 0 比较指令,每执行一次该指令,字节变量 byte 减 1,结果送回字节变量 byte,并判断字节变量 byte 是否为 0,不为 0 则转移,否则顺序执行。

实例解析

例 3-42　将 8031 内部 RAM 的 40H～4FH 单元置初值 A0H～AFH。

```
START: MOV R0, #40H           ;R0 赋值,指向数据单元
       MOV R2, #10H           ;R2 赋值,为传送字节数
       MOV A, #0A0H           ;A 赋值
LOOP:  MOV @R0, A             ;开始传送
       INC R0                 ;修改地址指针
       INC A                  ;修改传送数据
       DJNZ R2, LOOP          ;如果未传送完,则继续循环传送
       RET                    ;否则,传送结束
```

(5) CY 不为 0 转移指令 JC

指令格式

```
JC rel                        ;PC←(PC)+2
                              ;若(CY)=1,则 PC←(PC)+rel
                              ;若(CY)=0,则顺序执行下条指令
```

指令功能

CY 为 1,则转移到(PC)+rel 处执行。

实例解析

例 3-43　比较内部 RAM 的 30H 和 40H 单元中的两个无符号数的大小,将大数存入 20H 单元,小数存入 21H 单元。若两个数相等则使内部 RAM 的 7FH 可寻址位置 1。

```
START: MOV A, 30H             ;A←(30H)
       CLR C                  ;(CY)=0
       CJNE A, 40H,LOOP1      ;(30H)=(40H)? 不等则转移
       SETB 7FH               ;相等,使 7FH 位置 1
       RET                    ;返回
LOOP1: JC LOOP2               ;若(30H)<(40H),则转移
       MOV 20H, A             ;当(30H)>(40H)时,大数存入 20H 单元
       MOV 21H, 40H           ;小数存入 21H 单元
       RET
LOOP2: MOV 20H, 40H           ;较大数存入 20H 单元
       MOV 21H, A             ;较小数存入 21H 单元
       RET                    ;返回
```

例 3-44　判断下列程序执行之后累加器 A 的结果。已知(30H)=78H,(31H)=99H。

```
        CLR   C                  ;(CY)=0
        MOV   A,30H              ;(30H)→A
        SUBB  A,31H              ;(30H)-(31H)
        JC    L1                 ;若CY=1,则转移到L1
        RET                      ;否则,返回
    L1: MOV   A,#00              ;为A赋值0
        RET                      ;返回
```

执行结果：(A)=00H,(CY)=1。

(6) CY 为零转移指令 JNC

指令格式

```
    JNC rel                 ;PC←(PC)+2
                            ;若(CY)=0,则 PC←(PC)+rel
                            ;若(CY)=1,则顺序执行下条指令
```

指令功能

CY 为 0 则转移到(PC)+rel 处执行。

实例解析

例 3-45 注释下列程序。比较内部 RAM 的 30H 和 40H 单元中的两个无符号数的大小,将大数存入 20H 单元,小数存入 21H 单元。若两个数相等则使内部 RAM 的 7FH 可寻址位置 1。

```
    START: MOV   A,30H             ;A←30H
           CLR   C
           CJNE  A,40H,LOOP1       ;(30H)=(40H)? 不等则转移
           SETB  7FH               ;相等,使 7FH 位置 1
           RET                     ;返回
    LOOP1: JNC   LOOP2             ;若(30H)>(40H),则转移
           MOV   20H,40H           ;较大数存入 20H 单元
           MOV   21H,A             ;较小数存入 21H 单元
           RET
    LOOP2: MOV   20H,A             ;当(30H)>(40H)时,大数存入 20H 单元
           MOV   21H,40H           ;小数存入 21H 单元
           RET                     ;返回
```

(7) JB

指令格式

```
    JB bit, rel             ;PC←(PC)+3
                            ;若(bit)=1,则 PC←(PC)+rel
                            ;若(bit)=0,则顺序执行下条指令
```

指令功能

bit 为 1 则转移到(PC)+rel 处执行。

实例解析

例 3-46　判断累加器 A 中数的正负。若为正数,则存入 20H 单元;若为负数,则存入 21H 单元;若为 0,则存入 22H 单元。

```
START: JB  ACC.7, LOOP      ;若累加器符号位为 1,则转至 LOOP
       JZ  LOOP1            ;若累加器中内容为 0,则转至 LOOP1
       MOV 20H, A           ;否则为正数,存入 20H 单元
       RET                  ;子程序返回
LOOP:  MOV 21H, A           ;若为负数,则存入 21H 单元
       RET                  ;子程序返回
LOOP1: MOV 22H, A           ;若为 0,则存入 22H 单元
       RET
```

例 3-47　判断执行下列程序之后,累加器 A 的结果。已知(A)=65H,(21H)=10H,(20H)=16H。

```
       JB  Acc.0, TEST      ;若 A 的最低位为 1,则转至 TEST
       MOV A, 21H           ;否则,将 21H 单元的内容存入 A 中
       RET                  ;子程序返回
TEST : MOV A, 20H           ;将 20H 单元的内容存入 A 中
       RET                  ;子程序返回
```

执行结果:(A)=16H。

(8) JNB

指令格式

```
JNB bit, rel            ;PC← (PC)+3
                        ;若(bit)=0,则 PC ←(PC)+rel
                        ;若(bit)=1,则顺序执行下条指令
```

指令功能

bit 为 0 则转移到(PC)+rel 处执行。

实例解析

例 3-48　判断累加器 A 中数的正负。若为正数,则存入 20H 单元;若为负数,则存入 21H 单元。

```
START: JNB ACC.7, LOOP      ;若累加器符号位为 0,则转至 LOOP
       MOV 21H, A           ;否则为负数,存入 21H 单元
       RET                  ;子程序返回
LOOP:  MOV 20H, A           ;若为正数,则存入 20H 单元
       RET                  ;子程序返回
```

(9) JBC

指令格式

```
JBC bit, rel                    ;PC ← (PC)+3
                                ;若(bit)=1,则 bit←0,PC←(PC)+rel
                                ;若(bit)=0,则顺序执行下条指令
```

指令功能

bit 为 1 则转移到(PC)+rel 处执行,且位 bit 清 0。

实例解析

例 3-49 判断累加器 A 中数的正负。若为正数,则存入 20H 单元;若为负数,则存入 21H 单元。

```
START: JBC  ACC.7, LOOP         ;若累加器符号位为 1,则转至 LOOP
       MOV  20H, A              ;否则为正数,存入 20H 单元
       RET                      ;子程序返回
LOOP:  SETB ACC.7               ;恢复原数据符号位
       MOV  21H, A              ;若为负数,则存入 21H 单元
       RET                      ;子程序返回
```

3. 子程序调用和返回指令 LCALL、ACALL、RET、RETI

(1) 长调用指令 LCALL

指令格式

```
LCALL addr16                    ;PC←(PC)+3
                                ;SP←(SP)+1,(SP)←PCL
                                ;SP←(SP)+1,(SP)←PCH,PC←a₁₅₋₀
```

指令功能

调用指定地址的程序。

指令说明

长调用指令为三字节指令,为实现子程序调用,该指令共完成两步操作:

第一步是断点保护,通过自动方式的堆栈操作来实现,即把加了 3 以后的 PC 值自动送入堆栈区保护起来,待子程序返回时再送入 PC。

第二步是构造目的地址,把指令中提供的 16 位子程序入口地址压入 PC,长调用指令的调用范围是 64 KB。

实例解析

例 3-50 设堆栈指针初始化为 07H,PC 当前值为 2100H,子程序首地址为 3456H,试分析如下指令的执行过程:

```
LCALL 3456H
```

执行过程:获得返回地址 PC+3=2103H,把返回地址压入堆栈区 08H 和 09H 单元,PC 指向子程序首地址 3456H 处开始执行。

执行结果:(SP)=09H,(09H)=21H,(08H)=03H,(PC)=3456H。

例 3-51　根据 A 内容大于 60H，等于 60H，小于 60H 这 3 种情况调用不同的函数。

```
        CJNE  A, #60H, L1          ;(A)≠60H 转移到 L1
        LCALL m1                   ;(A)=60H 则执行子程序 m1
        RET
L1:     JC    L2                   ;(A)<60H 转移到 L2
        LCALL m2                   ;(A)>60H 则执行子程序 m2
        RET
L2:     LCALL m3                   ;(A)<60H 则执行子程序 m3
        RET
```

（2）绝对调用指令 ACALL

指令格式

```
ACALL addr11          ;PC←(PC)+2
                      ;SP←(SP)+1,(SP)←PCL
                      ;SP←(SP)+1,(SP)←PCH
                      ;PC10~0←a10~0
                      ;PC15~11 不变
```

指令功能

调用指定地址的程序。

指令说明

提供 11 位目标地址，限在 2KB 地址范围内调用。目标地址的形成方法与绝对转移指令 AJMP 相同。

实例解析

例 3-52　已知(SP)=60H，试分析执行下列指令后的结果。

```
1000H: ACALL   100H
```

结果：(SP)=62H，(61H)=02H，(62H)=10H，(PC)=1100H。

（3）子程序返回指令 RET

指令格式

```
RET                   ;PCH←((SP)),SP←(SP)-1
                      ;PCL←((SP)),SP←(SP)-1
```

指令功能

子程序调用后执行该指令可返回到上级主程序。

实例解析

例 3-53　设当前正在执行子程序，且堆栈指针内容为 0BH，内部 RAM 中的(0AH)=23H，(0BH)=01H，在调用程序过程中执行指令 RET。

结果为：(SP)=09H，(PC)=0123H(返回主程序地址)。

（4）中断服务子程序返回指令 RETI

指令格式

```
RETI                  ;PCH←((SP)),SP←(SP)-1
```

```
                        ;PCL←((SP)),SP←(SP)-1
                        ;清除中断状态触发器
```

指令功能

在中断服务子程序中执行该指令可返回到产生中断的主程序。

实例解析

例 3-54　设当前正在执行中断程序,且堆栈指针内容为 0BH,内部 RAM 中的(0AH)=23H,(0BH)=01H,在调用程序过程中执行指令 RETI。

结果为:(SP)=09H,(PC)=0123H(返回主程序地址)。

4. 空操作指令 NOP

指令格式

```
NOP                     ;PC←(PC)+1
```

指令功能

控制 CPU 不做任何操作,只产生一个机器周期延迟。

指令说明

不影响操作位。

实例解析

例 3-55　设计程序,从 P1.0 口输出持续时间为 3 个机器周期的低电平脉冲。

```
CLR  P1.0               ;将 P1.0 清 0
NOP                     ;空操作,一个机器周期的延迟
NOP
NOP
SETB P1.0               ;将 P1.0 置 1
```

3.3.5　位操作指令

位操作指令的操作数是字节中的某一位,每位取值只能是 0 或 1,又称为布尔变量操作指令。

51 系列单片机的硬件结构中,有一个位处理器(布尔处理器),CY 位称为位累加器,CY 在指令中可简写为 C。位存储器是单片机片内 RAM 字节地址 20H～2FH 单元中连续的 128 个位(位地址 00H～7FH)和特殊功能寄存器字节地址能被 8 整除的那部分 SFR。这些 SFR 都具有可寻址的位地址。其中累加器 A、寄存器 B 和单片机片内 RAM 中 128 个位都可作为软件标志或存储位变量;而其他特殊功能寄存器中的位则有特定的用途,不可以随便使用。

这些位操作对象在指令中可以按以下方式指定:

(1) 直接位地址方式,如 3BH、E0H。

(2) 字节地址加后缀位序方式,如 21H.0、20H.7。

(3) 以位符号方式,如 C(CY)、AC、RS0。

（4）以寄存器名加后缀位序方式，如 PSW.0、ACC.2、P1.7，注意 ACC.2 不能写成 A.2。

（5）以宏代换方式，如 SUB0 bit RS0。其中 bit 为伪指令，用来把标志位 RS0 更名为 SUB0。

1. 位传送指令 MOV

指令格式

```
MOV  C, bit              ;C←(bit)
MOV  bit, C              ;bit←(C)
```

指令功能

把源操作数指定位变量的值传送到目的操作数指定的位单元中。其中的一个操作数必须为进位标志 C，另一个可以是任何直接寻址位。

指令说明

不影响其他任何寄存器和标志位。

实例解析

例 3-56　注释下列程序。

```
MOV  20H, C             ;(20H)=(CY)
MOV  C, 30H.3           ;(CY)=(30H.3)
MOV  P1.1, C            ;(P1.1)=(CY)
```

2. 位变量修改指令 CLR、SETB、CPL

（1）位清零指令 CLR

指令格式

```
CLR  bit                ;bit←0
CLR  C                  ;C←0
```

指令功能

把指定的位清 0，可以对进位标志或任何直接寻址位进行操作。

指令说明

不影响其他标志位。

实例解析

例 3-57　注释下列程序。

```
CLR  P1.0               ;(P1.0)=0
CLR  C                  ;(CY)=0
```

（2）位置位指令 SETB

指令格式

```
SETB  bit               ;bit←1
SETB  C                 ;C←1
```

指令功能

把指定的位 bit 置 1,可以对进位标志或任何直接寻址位进行操作。

指令说明

不影响其他标志位。

实例解析

例 3-58　注释下列程序。

```
SETB  P1.0              ;(P1.0)=1
SETB  C                 ;(CY)=1
```

(3) 位取反指令 CPL

指令格式

```
CPL  bit               ;C←(bit̄)
CPL  C                 ;C←(C̄)
```

指令功能

把指定的位 bit 取反。它能对进位标志或任何直接寻址位进行操作。

指令说明

不影响其他标志位。

实例解析

例 3-59　注释下列程序。

```
SETB  C                ;(C)=1
CPL   C                ;(C)=0
CLR   P1.0             ;(P1.0)=0
CPL   P1.0             ;(P1.0)=1
```

3. 位逻辑运算指令 ANL、ORL

(1) 位逻辑"与"指令 ANL

指令格式

```
ANL  C, bit            ;C←(C)∧(bit)
ANL  C, /bit           ;C←(C)∧(bit̄)
```

指令功能

用于把位 C 与源位进行与操作,运算结果存入 C 中。

指令说明

只影响进位标志 C,对其他标志位无影响。

实例解析

例 3-60　注释下列程序。

```
SETB  P1.0             ;(P1.0)=1
CLR   P1.1             ;(P1.1)=0
SETB  C                ;(C)=1
```

```
ANL   C, P1.0              ;(C)=1
ANL   C, P1.1              ;(C)=0
```

（2）位逻辑"或"指令 ORL

指令格式

```
ORL  C, bit                ;C←(C)∨(bit)
ORL  C, /bit               ;C←(C)∨(bit̄)
```

指令功能

用于把位 C 与源位进行"或"操作，运算结果存入 C 中。

指令说明

只影响进位标志 C，对其他标志位无影响。

实例解析

例 3-61　注释下列程序。

```
SETB  P1.0                 ;(P1.0)=1
CLR   P1.1                 ;(P1.1)=0
SETB  C                    ;(C)=0
ORL   C, P1.0              ;(C)=1
ORL   C, P1.1              ;(C)=0
```

3.3.6　伪指令

用汇编语言编写的程序称为汇编语言源程序。把汇编语言源程序"翻译"为机器语言的过程称为汇编。在汇编过程中需要一些 CPU 不能执行的指令，以便在汇编时执行一些特殊的操作，这样的指令称为伪指令。这些指令不产生指令代码，而是在汇编时指定程序的起始地址、数据存放的单元等。

1. 汇编起始指令 ORG

指令格式

[标号]:ORG 16 位地址或标号

指令功能

一般用于规定汇编程序段或数据块的起始地址。

指令说明

由 ORG 定义的地址空间必须从小到大，且不允许重叠。

实例解析

例 3-62　注释下列程序。

```
      ORG 0030H
MAIN: MOV R0, #00H
      …
```

ORG 伪指令规定了 MAIN 标号地址为 0030H,则第一条指令及其后续指令汇编后的机器码从地址 0030H 开始存放。

2. 汇编结束指令 END

指令格式

[标号]: END

指令功能

指示汇编程序结束汇编的位置。

指令说明

END 后面的语句将不被汇编成机器码。

实例解析

例 3-63　注释下列程序。

```
MAIN: MOV R0, #00H
      RET
      END
      MOV R0, #01H
      ...
      RET
```

END 后面的程序将不被汇编成机器码。即程序执行后,(R0)=00H。

3. 标号赋值指令 EQU

指令格式

字符名 EQU 数据或汇编符号

指令功能

把右边的"数据或汇编符号"赋值给左边的"字符名"。

指令说明

"字符名"必须先赋值再使用,因此 EQU 通常放在源程序的开头部分。

实例解析

例 3-64　注释下列程序。

```
SG    EQU R0           ;SG=R0
DE    EQU 40H          ;DE=40H
PI    EQU 31416        ;PI=31416(7AB8H)
MOV A, SG              ;A←(R0)
MOV R7, DE             ;R7←(40H)
MOV R3, #PI(LOW)       ;R3←B8H, 低 8 位
MOV R2, #PI(HIGH)      ;R2←7AH, 高 8 位
```

4. 数据(地址)赋值指令 DATA

指令格式

字符名 DATA 表达式　　　　;赋值 8 位数据或地址
字符名 DATA 表达式　　　　;赋值 16 位数据或地址

指令功能

把右边的"表达式"赋值给左边的"字符名"。

指令说明

指令功能与 EQU 相似,但可以先使用后定义。表达式可以是一个数据或地址,也可以是包含被定义的"字符名"在内的表达式;但不能是汇编符号,如 R0～R7 等。

实例解析

例 3-65　注释下列程序。

```
MAIN  DATA 20H
MOV   A, MAIN             ;(A)=(20H)
MOV   A, #MAIN            ;(A)=20H
```

EQU 常用来定义数值,如:

```
PI     EQU   31416
YW     EQU   10000
YQ     EQU   1000
Limit  EQU   250
```

DATA 常用来定义数据地址,如:

```
samp1 DATA 30H
samp2 DATA 31H
show1 DATA 32H
show2 DATA 33H
```

5. 位地址赋值指令 BIT

指令格式

字符名 BIT 位地址

指令功能

为符号形式的位地址赋值。

指令说明

把右边的"位地址"赋值给左边的"字符名"。

实例解析

例 3-66　注释下列程序。

```
K1  BIT   20H
K2  BIT   TF0
    MOV   C, K1
    ANL   C, K2
    ...
```

BIT 伪指令将位地址 20H 赋给 K1,将位地址 TF0 赋给 K2,通过位传送指令将 K1 赋值给进位标志 C,即 C=(20H),然后将 K2 与 C 进行"与"运算,即将位 20H 与位 TF0 的值进行"与"运算,结果保存到进位标志 C 中。

6. 定义字节指令 DB

指令格式

[标号]: DB 项或项表

指令功能

在程序存储器中定义一个或多个字节。

指令说明

把右边"项或项表"中的数据依次存入以左边标号地址起始的程序存储器中。

实例解析

例 3-67　注释下列程序。

```
    ORG 0080H                    ;程序从 0080H 开始存放
TAB: DB 26H,213,01001101B,'B','7',-1
    END
```

上述程序被汇编后,程序存储器从 0080H 开始的单元数据见表 3-3。

表 3-3　0080H 开始的单元数据

程序存储器地址	程序存储器中的数据	说　　明
0080H	0010 0110	26H 为十六进制数
0081H	1101 0101	213 为十进制数
0082H	0100 1101	二进制数
0083H	0100 0010	'B'表示字母 B 的 ASCII 码值
0084H	0011 0111	'7'表示数字 7 的 ASCII 码值
0085H	1111 1111	-1 的补码

7. 定义字指令 DW

指令格式

[标号]:DW 项或项表

指令功能

在程序存储器中定义一个或多个字,一个字相当于两个字节。

指令说明

DW 与 DB 的功能相似,区别在于 DB 定义一个字节,而 DW 定义两个字节。执行汇编程序后,机器自动按高字节在前、低字节在后的格式排列。

实例解析

例 3-68　注释下列程序。

```
    ORG  0030H
ABC: DW   1234H,09H,-4
    END
```

上述程序被汇编后,程序存储器从 0030H 开始的单元数据见表 3-4。

表 3-4　0030H 开始的单元数据

程序存储器地址	程序存储器中的数据	说　　明
0030H	0001 0010	高字节 12H 在前
0031H	0011 0100	低字节 34H 在后
0032H	0000 0000	09H 的高字节为 00H 在前
0033H	0000 1001	低字节 09H 在后
0034H	1111 1111	—4 补码的高字节为 FFH
0035H	1111 1100	—4 补码的低字节为 FCH

8. 定义存储空间指令 DS

指令格式

[标号]: DS 表达式

指令功能
指示从标号地址开始留出一定量的存储空间。

指令说明
为其他指令预留一定空间。

实例解析
例 3-69　注释下列程序。

```
    ORG 0030H
L1: DS  200
    DB  0EFH
    END
```

从 L1 开始留出 200 个地址单元,EFH 存放在 L1+200 开始的单元中。

9. 外部数据地址赋值指令 XDATA

指令格式

字符名 XDATA 数或表达式

指令功能
与 DATA 指令相似,区别是 XDATA 赋值外部数据地址。

习题

3-1　MCS-51 系列单片机的指令系统有何特点？

3-2　已知(A)＝83H，(R0)＝17H，(17H)＝34H，执行下列程序段：

```
ANL  A, #17H
ORL  17H, A
XRL  A, @ R0
CPL  A
```

问：(A)＝？ (R0)＝？ (17H)＝？

3-3　已知(10H)＝5AH，(2EH)＝1FH，(40H)＝2EH，(60H)＝3DH，执行下列程序段：

```
MOV  20H, 60H
MOV  R1, 20H
MOV  A, 40H
XCH  A, R1
XCH  A, 60H
XCH  A , @ R1
MOV  R0, #10H
XCHD A, @ R0
```

问：(A)＝？ (10H)＝？ (2EH)＝？ (40H)＝？ (60H)＝？

3-4　执行下列程序段：

```
MOV  A, #00H
MOV  R7, #0FFH
MOV  PSW, #80H
ADDC A, R7
```

问：(CY)＝？ (AC)＝？ (P)＝？ (A)＝？ (R7)＝？

3-5　已知被减数存放在片内 RAM 的 51H、50H 单元中，减数存放在 61H、60H 单元中(高字节在前)，相减得到的差放回被减数的单元中(设被减数大于减数)，试编程序。

3-6　在片外 RAM 2000H 单元开始建立 0～99(BCD 码)的 100 个数，试编程序。

3-7　以 50H 为起始地址的片内存储区中，存放有 16 个单字节无符号二进制数。试编写一程序，求其平均值并传送至片外 0750H 单元中。

3-8　8051 单片机的指令系统有何特点？

3-9　8051 单片机有哪几种寻址方式？各寻址方式所对应的寄存器或存储器空间如何？

3-10　访问特殊功能寄存器 SFR 可以采用哪些寻址方式？

3-11　访问内部 RAM 单元可以采用哪些寻址方式？

3-12　访问外部 RAM 单元可以采用哪些寻址方式？

3-13　访问外部程序存储器可以采用哪些寻址方式？

3-14　设(SP)＝32H，内部 RAM 的 31H、32H 单元中的内容分别为 23H、01H，试分析下列指令的执行结果。

```
POP DPH
POP DPL
```

其执行结果(DPTR)＝?

3-15　设堆栈指针 SP 中的内容为 60H,内部 RAM 中的 30H 和 31H 单元的内容分别为 24H 和 10H,执行下列程序段后,61H、62H、30H、31H、DPTR 及 SP 中的内容有何变化?

```
PUSH   30H
PUSH   31H
POP    DPL
POP    DPH
MOV    30H,#00H
MOV    31H,#0FFH
```

3-16　试用位操作指令实现下列逻辑操作。要求不得改变未涉及位的内容。

(1) 使 ACC.0 置位;

(2) 清除累加器高 4 位;

(3) 清除 ACC.3、ACC.4、ACC.5、ACC.6。

3-17　设(A)＝01010101B,(R5)＝10101010B。分别写出执行下列指令后的结果。

```
ANL A , R5
ORL A , R5
XRL A , R5
```

3-18　指令"SJMP rel"中,设 rel＝60H,并假设该指令存放在 2114H 和 2115H 单元中,当该条指令执行后,程序将跳转到何地址?

3-19　简述转移指令 AJMP addr11、SJMP rel、LJMP addr16 及 JMP @A＋DPTR 的应用场合。

3-20　若单片机的主频为 12MHz。试用循环转移指令编写延时 20ms 的延时子程序,并说明这种软件延时方式的优、缺点。

第 4 章

汇编语言程序设计

本章主要介绍 MCS-51 系列单片机汇编语言程序设计的一般步骤和设计方法,列举一些具有代表性的汇编语言程序实例,以加深读者对单片机指令系统的理解,提高程序设计能力。

4.1 汇编语言源程序汇编

用汇编语言编写的源程序称为汇编语言源程序。汇编通常由专门的汇编程序来进行,通过编译后自动得到对应于汇编源程序的机器语言目标程序,这个过程叫机器汇编。另外还可用人工汇编。

1. 汇编程序的汇编过程

汇编过程是将汇编语言源程序翻译成目标程序的过程。汇编程序要经过两次扫描。第一次扫描是进行语法检查并建立该源程序使用的全部符号名字表。在这个表中,每个符号名字后面跟着一个对应的值。第一次扫描中如有错,则在扫描完后显示出错误信息,并返回编辑状态。这时可对源程序进行修改。如没有错误可进行第二次扫描,最后生成目标程序的机器码并得到对应于符号地址(即标号地址)的实际地址值。第二次扫描还产生相应的列表文件,此文件中有与每条源程序相对应的机器码、地址和编辑行号以及标号地址的实际地址等,可供程序调试时使用。

2. 人工汇编

由程序员根据 MCS-51 的指令集将汇编语言源程序的指令逐条人工翻译成机器码的过程叫人工汇编。人工汇编同样采用两次汇编方法。第一次汇编,首先查出各条指令的机器码,并根据初始地址和各条指令所占的字节数,确定每条指令所在的地址单元。第二次汇编,求出标号地址所代表的实际地址及相对应地址偏移量的具体补码值。

例如,对下列程序进行人工汇编:

```
        ORG  1000H
START:  MOV R7,#200
DLY1:   NOP
        NOP
        NOP
        DJNZ R7,DLY1
        RET
```

第一次汇编查指令集,确定每条指令的机器码和字节数。通过 ORG 伪指令可依次确定各指令的首地址。结果如下:

```
地址        指令码                    ORG  1000H
1000H      7F C8            START:  MOV R7,#200
1002H      00              DLY1:   NOP
1003H      00                      NOP
1004H      00                      NOP
1005H      DF 地址偏移量 rel          DJNZ R7,DLY1
1007H      22                      RET
```

第二次汇编计算出转移指令中的地址偏移量 rel。

当"DJNZ R7,DLY1"指令中的条件成立时,程序将发生转移,从执行这条指令后的当前地址转移到 DLY1 标号地址处。因此,地址偏移量 rel＝1002H－1007H＝－05H,补码表示的偏移量为 0FBH。将计算结果填入第一次汇编时待定的偏移量值处。

人工汇编很麻烦而且容易出错,一般不采用。

4.2　汇编语言的程序举例

4.2.1　基本程序设计

程序设计的基本步骤一般如下:

(1) 分析题意,明确要求;

(2) 建立思路,确定算法;

(3) 编制框图,绘出流程;

(4) 编写程序,上机调试。

显然,算法和流程是至关重要的。程序结构有简单顺序、分支、循环和子程序等几种基本形式。

画流程图是指用各种图形、符号、指向线等来说明程序设计的过程。国际通用的图形和符号说明如下:

椭圆框:起止框,在程序的开始和结束时使用。

矩形框:处理框,表示要进行的各种操作。

菱形框:判断框,表示条件判断,以决定程序的流向。

指向线:流程线,表示程序执行的流向。

圆圈:连接符,表示不同页之间的流程连接。

各种几何图形符号如图 4-1 所示。

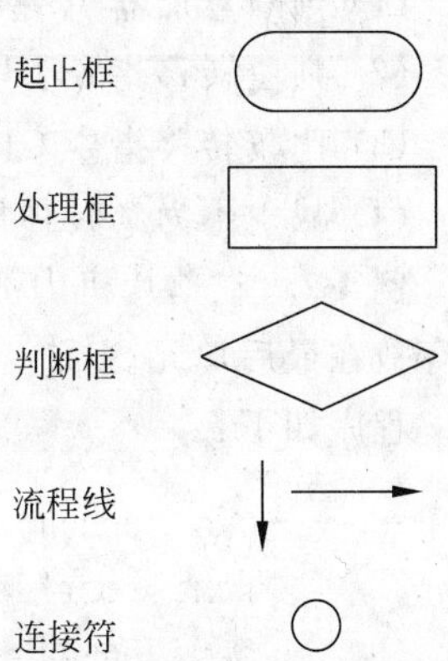

1. 顺序程序的设计

顺序结构是程序结构中最简单的一种。用程序流程图表示时,是一个处理框紧接着一个处理框。

起止框

处理框

判断框

流程线

连接符

图 4-1　流程图几何图形符号

例 4-1　16 位二进制数除以 2。

已知：2 字节无符号数存放在单片机片内 RAM 28H、29H 单元，28H 单元里存放的是高字节，除以 2 的商还放在原单元，不保留小数。

分析：可以利用右移的方法实现除以 2、4、8 等。如果要保留小数，右移要从左边的字节开始，程序如下：

```
MOV  R0, #28H        ;设地址指针
MOV  A, @ R0         ;取第一个字节数
CLR  C               ;清除进位标志
RRC  A               ;累加器循环右移
MOV  @ R0,A          ;保存高字节
INC  R0              ;指针指向低字节
MOV  A, @ R0         ;取低字节
RRC  A               ;累加器循环右移
MOV  @ R0,A          ;保存低字节
RET                  ;除以 2 结束，返回
```

2. 分支程序设计

计算机具有逻辑判断能力，它能根据条件进行判断，并根据判断结果选择相应程序入口。这种判断功能是计算机实现分支程序设计的基础。

在进行编程时常常会遇到根据不同条件进行相应处理的情况，此时就应采用分支结构。分支结构如图 4-2 所示。通常用条件转移指令形成简单分支结构。如判断结果是否为 0（用指令 JZ、JNZ），是否有进位或是借位（用指令 JC、JNC），指定位是否为 1 或 0（用指令 JB、JNB）等都可以作为程序分支的依据。

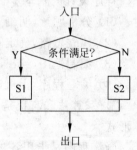

图 4-2　分支结构

1）单分支程序

单分支结构程序使用转移指令实现，即根据条件对程序的执行进行判断，满足条件则转移执行，否则顺序执行。

在 MCS-51 指令系统中条件转移指令有：

（1）判断累加器 A 是否为 0 转移指令 JZ、JNZ；

（2）判位转移指令 JB、JNB、JBC、JC、JNC；

（3）比较转移指令 CJNE；

（4）减 1 不为 0 转移指令 DJNZ。

例 4-2　在单片机内部 RAM 70H～79H 单元中的 10 个无符号数中找到最大数，并将它存放在最后单元。

程序如下：

```
      ORG  0000H
      LJMP LOOP
      ORG  0050H
LOOP: MOV  R0,#70H
```

```
        MOV    B,#09H
LOOP1:  MOV    A,@ R0
        MOV    20H,A
        INC    R0                  ;下一个数地址
        MOV    21H,@ R0
        CJNE   A,21H,LOOP2         ;比较指令
LOOP2:  JC     LOOP3
        MOV    A, @ R0
        MOV    @ R0,20H
        DEC    R0
        MOV    @ R0,A
        INC    R0
LOOP3:  DJNZ   B, LOOP1
        SJMP   $
        END
```

程序流程图如图 4-3 所示。

2）多分支程序

（1）嵌套分支结构

例 4-3　设变量 X 存放于 30H 单元，函数值 Y 存放于 31H 单元。试按照式：

$$Y = \begin{cases} 1, & X > 0 \\ 0, & X = 0 \\ -1, & X < 0 \end{cases}$$

的要求给 Y 赋值。

分析：X 是有符号数，判断符号位是 0 还是 1 可利用 JB 或 JNB 指令。判断 X 是否等于 0 则直接可以使用累加器 A 的判 0 指令。

程序如下：

```
        ORG    0000H
        LJMP   START
        ORG    0050H
START:  MOV    A,30H               ;取 X
        JZ     OVER               ;X 为 0,则转移至 OVER
        JNB    ACC.7,LAB1          ;如果 X 最高位不为 1,则转移至 LAB1
        MOV    A,#0FFH             ;X 最高位为 1,-1 赋值给 A
        SJMP   OVER
LAB1:   MOV    A,#1               ;1 赋值给 A
OVER:   MOV    31H,A              ;Y 存入 31H
        RET                       ;程序返回
```

程序流程图如图 4-4 所示。

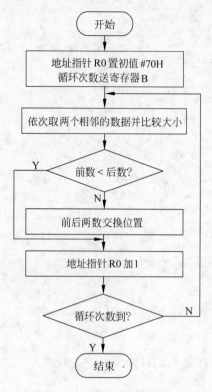

图 4-3　例 4-2 程序流程图

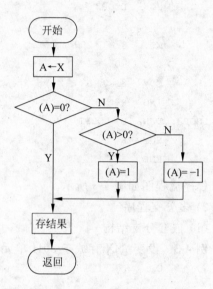

图 4-4　例 4-3 程序流程图

（2）多重分支结构

利用 MCS-51 系列单片机的散转指令"JMP @A＋DPTR"，可方便地实现多重分支控制，因此，又称为散转程序。假定多路分支的最大序号为 n，则分支的结构如图 4-5 所示。

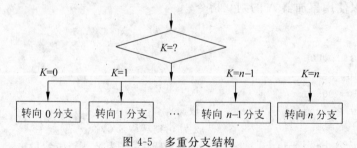

图 4-5　多重分支结构

例 4-4　根据条件 $0,1,2,\cdots,n$，分别转向处理程序 PRG0，PRG1，PRG2，$\cdots$，PRGn，条件 K 设在 R2 中。

程序如下：

```
START: MOV  DPRT,＃TABLE        ;散转表格首址送入 DPTR
       MOV  A,R2                ;变量送 A
       ADD  A,R2                ;变量×2,因为 AJMP 指令占 2 个字节
       JNC  NEXT                ;如果没有进位,转移至 NEXT
       INC  DPH                 ;有进位,则 DPH 加 1
```

```
NEXT:  JMP   @ A+DPTR                 ;散转指令
TABLE: AJMP  PRG0
       …     …
       AJMP  PRGn
       PRG0: …
             …
       PRGn: …
```

3. 循环程序设计

1) 循环程序的结构

如图 4-6 所示,循环程序包括以下 4 个部分:

(1) 置循环初值;

(2) 循环体;

(3) 循环控制变量修改;

(4) 循环终止控制。

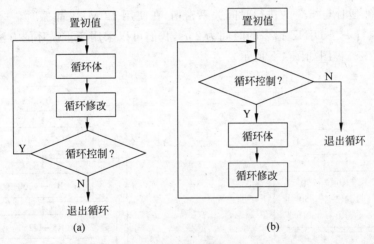

图 4-6　循环程序结构

2) 单循环

终止循环控制采用计数的方法,即用一个寄存器作为循环次数计数器,每次循环后计数加 1 或减 1,达到终止值后退出循环。

例 4-5　计算 50 个 8 位二进制数(单字节)之和。

要求:50 个数存放在 30H 开头的内部 RAM、R6 和 R7 中。

分析:采用 DJNZ 循环体的程序流程图如图 4-7 所示,在参考程序中,R0 为数据地址指针,R2 为减法循环计数器。

在使用 DJNZ 控制时,循环计数器初值不能为 0,当为 0 时,第一次进入循环执行到 DJNZ 时,减 1 使 R2 变为 FFH,循环次数成了 256,显然不合题意。

程序如下:

```
START: MOV  R6,#0          ;R6 清 0
```

```
        MOV  R7,#0          ;R7清0
        MOV  R2,#50         ;50个数,需循环50次
        MOV  R0,#30H        ;数据首地址
LOOP:   MOV  A,R7           ;和的低字节送入A
        ADD  A,@R0          ;和的低字节与RAM中的数据相加
        MOV  R7,A           ;存和的低字节
        CLR  A              ;清0A
        ADDC A,R6           ;高字节R6+CY
        MOV  R6,A           ;存高字节
        INC  R0             ;数据指针加1
        DJNZ R2,LOOP        ;R2不为0,则转移
        RET                 ;R2=0,程序返回
```

3）多重循环

如果在一个循环程序中嵌套了其他的循环程序,称为多重循环程序。多重循环程序在用软件实现延时时显得特别有用。

例 4-6　设计 1 s 延时子程序,假设 $f_{osc}=12\,\text{MHz}$。

分析:软件延时与指令的执行时间关系密切,在使用 12 MHz 晶振时,一个机器周期的时间为 1 μs,执行一条 DJNZ 指令的时间为 2 μs,我们可以采用三重循环的方法写出延时 1 s 的子程序。程序流程图如图 4-8 所示。

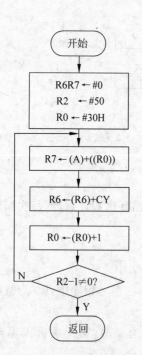

图 4-7　例 4-5 程序流程图

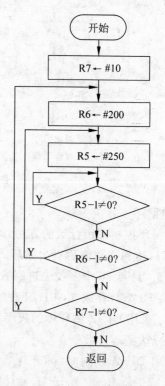

图 4-8　例 4-6 程序流程图

程序如下：

```
DELAY: MOV   R7,#10       ;循环 10 次
DL3:   MOV   R6,#200      ;循环 200 次
DL2:   MOV   R5,#250      ;循环 250 次
DL1:   DJNZ  R5,DL1       ;250×2×1 μs=500 μs=0.5 ms
       DJNZ  R6,DL2       ;0.5 ms×200=100 ms=0.1 s
       DJNZ  R7,DL3       ;0.1 s×10=1 s
       RET
```

以上程序实际执行时间近似 1 s。要想提高延时精度，可以仔细分配循环次数。

4. 按条件转移控制的循环

例 4-7　把内部 RAM 中从 ST1 地址开始存放的数据传送到以 ST2 地址开始的存储区中，数据块长度未知，但已知数据块的最后一个字节内容为 00H，而其他字节均不为 0。并设源地址与目的地址空间不重复。

分析：我们可以利用判断每次传送的内容是否为 0 这一条件来控制循环。也可用 CJNE 来与 0 比较，判断是否相等来设计。判断累加器 A 是否为 0 转移控制的循环流程图如图 4-9 所示。

程序如下：

```
START: MOV   R0,#ST1
       MOV   R1,#ST2
LOOP:  MOV   A,@R0
       JZ    ENT
       MOV   @R1,A
       INC   R0
       INC   R1
       SJMP  LOOP
ENT:   RET
```

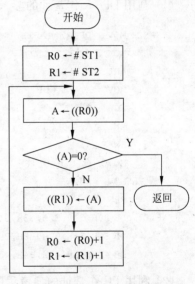

图 4-9　例 4-7 程序流程图

5. 查表程序设计

查表程序是一种常用程序，它广泛适用于 LED 显示器控制、打印机打印，以及数据补偿、计算、转换等功能程序中，具有程序简单、执行速度快等优点。

用于查表的指令有两条：

```
MOVC A,@A+PC
MOVC A,@A+DPTR
```

当使用 DPTR 作为基址寄存器时查表比较简单，查表的步骤分 3 步：

(1) 基址（表格首地址）送 DPTR 数据指针；

(2) 变址值（在表中的位置是第几项）送累加器 A；

(3) 执行查表指令"MOVC A,@A+DPTR"，进行读数，查表结果送回累加器 A。

当使用 PC 作为基址寄存器时,由于 PC 本身是一个程序计数器,与指令的存放地址有关,查表时其操作有所不同。查表的步骤也分 3 步:

(1) 变址值(在表中的位置是第几项)送累加器 A;

(2) 偏移量(查表指令的下一条指令的首地址到表格首地址之间的字节数)+A→A;

(3) 执行查表指令"MOVC A,@A+PC"。

查表编程的特点:程序简单,执行速度快;但在表中要列出所有可能的值,占用存储器较多,用空间换取时间。

解决方法:$y=f(x)$,根据变量 x 在表中找到相应的 y 值。表的形成也可用折线来分段,其中间值可通过插值方法计算。

例 4-8   2 位十六进制数与 ASCII 码的转换程序。设数值在 R2 中,结果低位存在 R2 中,高位存在 R3 中。

分析:对于 2 位十六进制数必须进行 2 次查表,因此,取数后通过屏蔽的方法来实现高低位分开。

(1) 利用 DPTR 作基址的参考程序如下:

```
HEXASC: MOV   DPTR,#TABLE
        MOV   A, R2
        ANL   A, #0FH
        MOVC  A, @ A+DPTR            ;查表
        XCH   R2, A
        ANL   A, #0F0H
        SWAP  A;
        MOVC  A, @ A+DPTR            ;查表
        MOV   R3,A
        RET
TABLE:  DB 30H,31H,32H,33H,34H       ;ASCII 表
        DB 35H,36H,37H,38H,39H
        DB 41H,42H,43H,44H,45H,46H
```

(2) 利用 PC 作基址的参考程序如下:

```
HEXASC: MOV   A, R2
        ANL   A, #0FH
        ADD   A, #9
        MOVC  A, @ A+PC              ;查表
        XCH   R2, A
        ANL   A, #0F0H
        SWAP  A
        ADD   A, #2
        MOVC  A, @ A+PC              ;查表
        MOV   R3,A
        RET
TABLE:  DB 30H,31H,32H,33H,34H       ;ASCII 表
        DB 35H,36H,37H,38H,39H
```

```
            DB  41H,42H,43H,44H,45H,46H
```

例 4-9　利用查表指令，根据 R2 的分支序号找到对应的转向入口地址送 DPTR，清 ACC 后，执行散转指令"JMP @A+DPTR"，转向对应的分支处理，假定分支处理程序在 ROM 64 KB 的范围内分布。

程序如下：

```
            ORG   1000H
START:  MOV   DPTR,#TAB
        MOV   A, R2
        ADD   A, R2
        JNC   ST1
        INC   DPH
ST1:    MOV   R3,A
        MOVC  A, @A+DPTR              ;查表
        XCH   A, R3
        INC   A
        MOVC  A, @A+DPTR
        MOV   DPL,A
        MOV   DPH,R3
        CLR   A
        JMP   @A+DPTR
TAB:    DW    PRG0
        DW    PRG1
        …     …
```

4.2.2　子程序设计和调用

1. 子程序概念

在一个较长的程序中，如有若干多次重复出现的指令组，虽然可能其中有些操作数或操作地址不同，可以把程序中经常使用的、重复的指令组设计成可供其他程序使用的独立程序段，这样的程序段称为子程序。使用这种子程序的程序称为主程序。

要使用子程序需要解决 4 个问题：

(1) 主程序怎样调用子程序；

(2) 主程序怎样把必要的数据信息传送给子程序，子程序又如何回送信息给主程序；

(3) 子程序中保护和恢复主程序现场问题；

(4) 子程序执行完后如何正确返回主程序。

2. 子程序结构

(1) 必须具有标号首地址，即要给所编写的子程序起个名字；

(2) 必须要有入口参数和出口参数(条件)；

(3) 用堆栈操作(压栈)保护和(出栈)恢复现场；

（4）子程序的结尾必须是一条返回主程序指令 RET。

3．子程序的调用和返回

（1）子程序独立于主程序之外，可供同一程序多次调用，也可供不同程序分别调用。

（2）子程序调用专用指令 LCALL 和 ACALL。此指令将其后面一条指令的地址压入栈顶，保护断点，SP＋2，指向新栈顶，接着把要调用的子程序首地址送入 PC。

（3）子程序返回。返回指令 RET 将主程序的断点从堆栈中送回 PC（出栈），以保证正确返回主程序继续执行。

例 4-10　编写程序计算 $c=a^2+b^2$，设 a、b、c 分别存放在片内 RAM 的 DAS、DBS、DCS 单元中，a 和 b 均为 0～9 的数。

分析：这个问题可以通过调用子程序来实现，即通过两次调用查平方表子程序，再把结果相加。

主程序：

```
START: MOV    A, DAS        ;取第一个操作数 a
       ACALL  SQR           ;调用查表子程序
       MOV    R1, A         ;暂存 a²
       MOV    A, DBS        ;取 b
       ACALL  SQR           ;调用查表子程序
       ADD    A, R1         ;a²+b²→c
       MOV    DCS, A        ;存放结果子程序
SQR:   INC    A             ;偏移量调整,加一个字节
       MOVC   A,A+ PC
       RET
TAB:   DB     0,1,4,9,16
       DB     25,36,49,64,81
       END
```

4．子程序嵌套

主程序与子程序的概念是相对的。

一个子程序可以多次被调用而不会被破坏，在子程序中也可以调用其他子程序，这就称为多重转子或子程序嵌套，如图 4-10 所示。

5．子程序库

把一些常用的标准子程序驻留在 ROM 或外部存储器中，构成子程序库供用户调用。丰富的子程序会给用户带来极大的方便，这就相当于积木，用这些积木模块可以组合成各种不同的程序，完成各种不同的功能。子程序越多，使用就越方便，编程就越省时间。在使用这些子程序时，只需要用一条调用指令。

6．子程序文件

子程序文件包括：

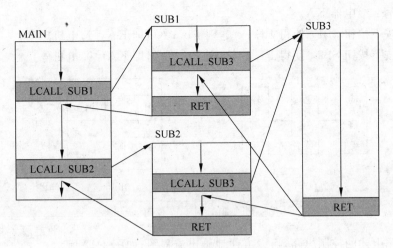

图 4-10　子程序嵌套流程图

(1) 子程序名称和目的的简述；

(2) 子程序的入口条件和出口条件；

(3) 子程序占用寄存器和内存的情况；

(4) 子程序嵌套情况。

例 4-11　设有一长度为 30H 的字符串存放在 AT89C51 单片机内部 RAM 中,其首地址为 40H。要求将该字符串中每一个字符加偶校验位。试以调用子程序的方法来实现。

子程序清单如下:

```
        ORG    1000H
MACEPA: MOV    R0, #40H        ;设地址指针 R0 初值
        MOV    B, #30H         ;置循环计数器 B 初值
NEXTLP: MOV    A, @ R0         ;取未加偶校验位的 ASCII 码
        ACALL  SUBEPA          ;调用子程序 SUBEPA
        MOV    @ R0, A         ;已加偶校验位的 ASCII 码回送
        INC    R0              ;修改指针,指向下一单元
        DJNZ   B, NEXTLP       ;计数并判断循环结束否? 若未结束则继续
        SJMP   $
SUBEPA: ADD    A, #00H
        JNB    PSW.0, SPDONE
        ORL    A, #80H
SPDONE: RET
        END
```

4.2.3　应用控制流程设计

例 4-12　电机的简单启停控制,其框图如图 4-11(a)所示

(1) 分析:简单的电机启动停止控制,其控制的示意图及 I/O 分配如图 4-11(b)所示。

输入信号:启动按钮 SB1、停止按钮 SB2。

输出信号：继电器 KA。

假定：按下按钮 SB1，使得 P1.1＝0，则 P1.3＝1，即 KA＝1，电机启动；

　　　按下按钮 SB2，使得 P1.2＝0，则 P1.3＝0，即 KA＝0，电机停止。

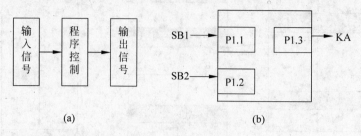

图 4-11　例 4-12 框图

（2）按照上述的控制思路，可以方便地画出流程图，如图 4-12 所示。

程序如下：

```
        ORG   1000H
STR: MOV   P1, #00000110B
WT1: JB    P1.1, WT1          ;启动?
        SETB  P1.3             ;电机启
WT2: JB    P1.2, WT2          ;停止?
        CLR   P1.3             ;电机停
        SJMP  WT1
        END
```

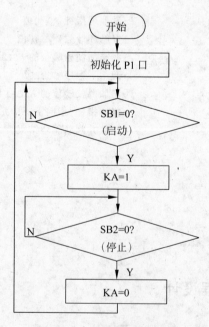

图 4-12　例 4-12 程序流程图

习题

4-1 循环程序由哪几部分构成？

4-2 什么是子程序？对子程序设计有什么要求？

4-3 试编程实现将 R2R3 和 R6R7 两个双字节无符号数相加，结果送 R4R5。

4-4 试编程将 R2R3 和 R6R7 两个双字节无符号数相减，结果送 R4R5。

4-5 将 A 中所存放的 8 位二进制数转换为 BCD 码，存于片内 RAM 的 20H、21H 单元。编写程序实现要求的功能。

4-6 试编程将 A 中所存的一位十六进制数转换为 ASCII 码。

4-7 编写一程序段，其功能为：内部 RAM 的 30H(高)～32H(低)和 33H(高)～35H(低)两个三字节无符号数相加，结果存入 30H(高)～32H(低)单元，设三字节相加时无进位。

4-8 编写一程序段，其功能为：内部 RAM 的 43H(高)～40H(低)和 33H(高)～30H(低)两个四字节无符号数相减，结果存入 43H(高)～40H(低)单元，设四字节相减时无进位。

4-9 编写一程序段，将内部 RAM 中 30H～3FH 的内容传送到外部 RAM 的 8000H～800FH 中。

4-10 编写程序，求出内部 RAM 20H 单元中的数据写成二进制形式时含 1 的个数，并将结果存入 21H 单元。

4-11 已知内部 RAM 30H 单元开始存放 20H 个数据，将其传送到外部 RAM 的 0000H 单元开始的存储区。请编程实现。

4-12 已知 8 个无符号数之和存于 R3R4，求其平均值，结果仍存于 R3R4 中(R3 为高字节)。请编程实现。

4-13 两个字符串分别存放在首地址为 42H 和 52H 的内部 RAM 中，字符串长度放在 41H 单元。请编程比较两个字符串。若相等，则把数字 00H 送 40H 单元；否则把 0FFH 送 40H 单元。

4-14 设有两个无符号数 Z、Y 分别存放在内部存储器 42H、43H 单元中，试编写一个程序实现 2Z＋Y，结果存入 44H、45H 两个单元中。

第5章

MCS-51 系列单片机的中断系统

本章主要介绍中断的概念、中断的响应过程及中断的种类和优先级等，并通过实例介绍中断的应用。通过本章的学习要对中断有一个全面的了解，在以后的设计中能够正确合理地使用中断进行软硬件设计。

5.1 中断的概念

在 CPU 与外设交换信息时，若用查询方式，则 CPU 往往会浪费很多时间等待外设的响应，这就是快速的 CPU 与慢速的外设之间的矛盾。为了解决这个问题，引入了中断的概念。

在一个系统中，CPU 与外设之间交换信息的方式主要有 3 种：无条件传送、查询传送和中断传送。具体说明如表 5-1 和表 5-2 所示。

表 5-1 CPU 与外设交换信息的方式

名　　称	解　　释
无条件传送	CPU 不需要了解外部设备的状态，只要在程序中写入访问外部设备的指令代码，就可以实现 CPU 与外部设备之间的数据传送
查询传送	CPU 在进行数据传送之前，要检查外部设备是否已经准备好。如果外部设备没有准备好，则继续检查其状态，直至外部设备准备好，即确认外部设备已具备传送条件之后，才进行数据传送
中断传送	外部设备具有向 CPU 申请服务的能力。当输入输出设备已将数据准备好，便可以向 CPU 发出中断请求，CPU 可中断正在执行的程序转而和外部设备进行一次数据传输。当输入输出操作完成以后，CPU 再恢复执行原来的程序

表 5-2 CPU 与外设交换信息方式的特点

名　　称	特　　点
无条件传送	控制相对简单，但是在数据传送时，由于不知道外部设备当前的状态，传送数据时容易产生错误
查询传送	CPU 每传送一个数据，需花费很多时间来等待外部设备进行数据传送的准备，因此，信息传送的效率非常低。但这种方式传送数据比无条件传送数据的可靠性要高；接口电路也较简单，硬件开销小；在 CPU 不太忙且传送速度要求不高的情况下可以采用
中断传送	CPU 不用不断地查询等待，而可以去处理其他程序。因此，采用中断传送方式时，CPU 和外部设备是处在并行工作的状况下，这样可以大大提高 CPU 的使用效率

中断是指 CPU 在运行过程中,暂停现行程序的执行,而转去执行处理外界出现的某一事件的程序。待该处理程序执行完毕后,CPU 再回到原来被中断的地址,继续执行下去。为实现中断功能而设定的各种硬件和软件统称为中断系统。

中断技术一般可实现功能如表 5-3 所示。

表 5-3　中断技术的主要应用

功　能	说　明
实时处理	在实时控制系统中,外部设备请求 CPU 提供服务是随机发生的。有了中断系统,CPU 就可以立即响应并进行处理
并行处理	利用中断技术,CPU 可以与多台外部设备并行工作,CPU 可以分时与多台外部设备进行信息交换
故障处理	当系统出现故障时,CPU 可以及时转去执行故障处理程序,自行处理故障而不必停机

5.2　中　断　源

中断源是指引发中断的设备或事件。MCS-51 系列单片机中断系统共有 5 个中断源,可分为外部中断源和内部中断源,外部中断源包括外部中断 0($\overline{\text{INT0}}$)和外部中断 1($\overline{\text{INT1}}$),内部中断源包括定时器 T0 中断、定时器 T1 中断和串行口中断。具体功能如表 5-4 所示。

表 5-4　MCS-51 系列单片机中断源的功能

名　称	功　能
外部中断 0($\overline{\text{INT0}}$)	下降沿或低电平有效。通过 MCS-51 系列单片机 P3.2 引脚输入
定时器 T0 中断	定时器/计数器 0 溢出发出中断请求
外部中断 1($\overline{\text{INT1}}$)	下降沿或低电平有效。通过 MCS-51 系列单片机 P3.3 引脚输入
定时器 T1 中断	定时器/计数器 1 溢出发出中断请求
串行口中断	当串行口完成一帧数据发送或接收时,请求中断

每一个中断源都对应一个中断请求标志位,它们设置在特殊功能寄存器 TCON 和 SCON 中。当这些中断源请求中断时,分别由 TCON 和 SCON 中的相应位来锁存。

5.3　中断控制寄存器

MCS-51 系列单片机对中断系统的控制主要包括 4 个特殊功能寄存器:定时器/计数器及外部中断控制寄存器 TCON、串行口控制寄存器 SCON、中断允许控制寄存器 IE、中断优先级控制寄存器 IP。

1. 定时器/计数器及外部中断控制寄存器 TCON

TCON 为定时器/计数器 T0 和 T1 的控制寄存器,同时也锁存 T0 和 T1 的溢出中断标志及外部中断 0 和外部中断 1 的中断标志等。与中断有关的位如表 5-5 和表 5-6 所示。

表 5-5　TCON 寄存器位定义

位地址	8FH	8EH	8DH	8CH	8BH	8AH	89H	88H
TCON	TF1	TR1	TF0	TR0	IE1	IT1	IE0	IT0

表 5-6　TCON 寄存器位功能

名　称	功　能
TF1	定时器/计数器 T1 的溢出中断请求标志位。允许 T1 计数后,T1 从初值开始进行加 1 计数,计数器最高位产生溢出时,由硬件将 TF1 置 1,并向 CPU 发出中断请求;当 CPU 响应中断时,硬件自动将 TF1 清 0
TF0	定时器/计数器 T0 的溢出中断请求标志位,其含义与 TF1 相似
IE1	外部中断 1 的中断请求标志位。当检测到外部中断引脚 1 上存在有效的中断请求信号时,由硬件将 IE1 置 1;当 CPU 响应该中断请求时,由硬件将 IE1 清 0
IT1	外部中断 1 的中断触发方式控制位。IT1 为 0 时,外部中断 1 为电平触发方式,若外部中断 1 请求为低电平,则使 IE1 置 1。IT1 为 1 时,外部中断 1 为边沿触发方式,若 CPU 检测到外部中断 1 的引脚有由高到低的负跳变沿时,则使 IE1 置 1
IE0	外部中断 0 的中断请求标志位。其含义与 IE1 相似
IT0	外部中断 0 的中断触发方式控制位。其含义与 IT1 相似
TR1	为 1 时,启动定时器/计数器 T1;为 0 时,停止定时器/计数器 T1
TR0	为 1 时,启动定时器/计数器 T0;为 0 时,停止定时器/计数器 T0

2. 串行口控制寄存器 SCON

SCON 为串行口控制寄存器,其低 2 位 TI 和 RI 锁存串行口的接收中断和发送中断。SCON 的格式如表 5-7 和表 5-8 所示。

表 5-7　SCON 寄存器位定义

位地址	9FH	9EH	9DH	9CH	9BH	9AH	99H	98H
SCON	SM0	SM1	SM2	REN	TB8	RB8	TI	RI

表 5-8　SCON 寄存器位功能

名　称	功　能
TI	串行口发送中断请求标志位。CPU 将一个数据写入发送缓冲器 SBUF 时,就启动发送,每发送完一帧串行数据后,硬件置位 TI。但 CPU 响应中断时,并不清除 TI,必须在中断服务程序中由软件对 TI 清 0
RI	串行口接收中断请求标志。在串行口允许接收时,每接收完一帧串行数据,硬件置位 RI。同样,CPU 响应中断时不会清除 RI,必须用软件清 0

3. 中断允许控制寄存器 IE

MCS-51 系列单片机对中断请求源的开放或屏蔽是由中断允许寄存器 IE 控制的。IE 的格式如表 5-9 和表 5-10 所示。

表 5-9　IE 寄存器位定义

位地址	AFH			ACH	ABH	AAH	A9H	A8H
IE	EA	—	—	ES	ET1	EX1	ET0	EX0

表 5-10　IE 寄存器位功能

名　称	功　能
EA	中断允许控制位。EA＝0,屏蔽所有中断请求;EA＝1,CPU 开放中断。对各中断源的请求中断是否允许,还要取决于各中断源的中断允许控制位的状态
ES	串行口中断允许位。ES＝0,禁止串行口中断;ES＝1,允许串行口中断
ET1	定时器/计数器 T1 的溢出中断允许位。ET1＝0,禁止 T1 中断;ET1＝1,允许 T1 中断
EX1	外部中断 1 中断允许位。EX1＝0,禁止外部中断 1 中断;EX1＝1,允许外部中断 1 中断
ET0	定时器/计数器 T0 的溢出中断允许位。ET0＝0,禁止 T0 中断;ET0＝1,允许 T0 中断
EX0	外部中断 0 中断允许位。EX0＝0,禁止外部中断 0 中断;EX0＝1,允许外部中断 0 中断

中断允许寄存器 IE 对中断的开放和关闭实现两级控制。所谓两级控制就是有一个总的开关中断控制位 EA(IE.7),当 EA＝0 时,关闭所有的中断申请,即任何中断申请都不接受;当 EA＝1 时,CPU 开放中断,但 5 个中断源还要由 IE 的低 5 位的各对应控制位的状态进行中断允许控制。

4. 中断优先级控制寄存器 IP

MCS-51 系列单片机有两个中断优先级。对于每一个中断请求源可编程为高优先级中断或者低优先级中断。IP 中的低 5 位为各中断源优先级的控制位,可用软件来设定。MCS-51 系列单片机片内中断优先级控制寄存器 IP 格式如表 5-11 和表 5-12 所示。

表 5-11　IP 寄存器位定义

位地址				BCH	BBH	BAH	B9H	B8H
IP	—	—	—	PS	PT1	PX1	PT0	PX0

表 5-12　IP 寄存器位功能

名　称	功　能	名　称	功　能
PS	串行口中断优先级控制位	PT0	定时器/计数器 T0 中断优先级控制位
PT1	定时器/计数器 T1 中断优先级控制位	PX0	外部中断 0 中断优先级控制位
PX1	外部中断 1 中断优先级控制位		

若某一控制位为 1,则相应的中断源就规定为高级中断;反之,若某一控制位为 0,则相应的中断源就规定为低级中断。

5. 中断系统的初始化

中断系统初始化的步骤如下:

(1) 若为外部中断,则应确定低电平还是下降沿触发方式;

(2) 当需要使用中断嵌套时,则设定所用中断源的中断优先级;

(3) 开相应中断源的中断及总中断。

例 5-1 写出 $\overline{\text{INT0}}$ 为低电平触发的中断系统初始化程序。

方法一:采用位操作指令。

```
CLR   IT0              ;设INT0为电平触发方式
SETB  PX0              ;设INT0为高优先级
SETB  EX0              ;开INT0中断
SETB  EA               ;开总中断
```

方法二:采用字节操作指令。

```
ANL   TCON, #0FEH      ;设INT0为电平触发方式
MOV   IP, #01H         ;设INT0为高优先级
MOV   IE, #81H         ;开INT0中断,开总中断
```

5.4 中断的优先级

MCS-51 系列单片机有 5 个中断源,当两个及两个以上中断源同时向 CPU 申请中断时,CPU 必须确定首先响应哪个,即不同的中断源有不同的优先级。在 MCS-51 系列单片机中每一个中断源由程序控制为允许中断或禁止中断。当 CPU 执行关中断指令(或系统复位)后,将屏蔽所有的中断请求;当 CPU 执行开中断指令以后才有可能接收中断请求。每一个中断请求源可编程控制为最高优先级中断或低优先级中断,能实现两级中断嵌套。

MCS-51 系列单片机中断系统的两个优先级遵循以下两条原则:

(1) 低优先级中断源可被高优先级中断源所中断,而高优先级中断源不能被任何中断源所中断;

(2) 一种中断源(高优先级或低优先级)一旦得到响应,与它同级的中断源不能再中断它。

当同时收到几个同一优先级的中断请求时,响应哪一个中断源则取决于内部硬件查询顺序。其优先级顺序排列如表 5-13 所示。

表 5-13　中断优先级顺序

中 断 源	中断入口地址	同级内的中断优先级
外部中断 0($\overline{INT0}$)	0003H	高
定时器/计数器 T0	000BH	↓
外部中断 1($\overline{INT1}$)	0013H	
定时器/计数器 T1	001BH	低
串行口中断	0023H	

中断处理结束返回主程序后,至少要执行一条指令,才能响应新的中断请求。

5.5　中断的响应

MCS-51 系列单片机工作时,在每个机器周期中硬件都会自动查询各个中断标志,如果某位是 1,则说明有中断请求。如果不存在阻止条件,则在下一个机器周期按照优先级从高到低的顺序进行中断处理,中断系统将控制程序转入相应的中断服务程序。

1. CPU 阻止中断响应的 3 种情况

(1) CPU 正在处理同级别或更高级别的中断请求;

(2) 当前的机器周期不是所执行指令的最后一个机器周期;

(3) 当前正执行的指令是返回指令(RETI)或访问 IE、IP 寄存器进行读写的指令,则 CPU 至少要再执行一条指令才会响应中断。

如果中断标志被置位,但是由于上述三种情况之一而未被响应,而在上述阻止条件撤销时,中断标志位已不再存在,则被拖延的中断就不会再被响应,CPU 将丢弃中断查询结果。

2. 中断处理过程

如果中断响应条件满足,CPU 就响应中断。中断响应过程分为 6 个步骤,如表 5-14 所示。

表 5-14　中断处理过程

名　称	解　释
(1) 保护断点	断点就是 CPU 响应中断时程序计数器 PC 的内容,它指示被中断程序的下一条指令的地址:断点地址。CPU 自动把断点地址压入堆栈,以备中断处理完毕后,自动从堆栈取出断点地址送入 PC,然后返回主程序断点处,继续执行被中断的程序
(2) 给出中断入口地址	给出中断入口地址。程序计数器 PC 自动装入中断入口地址,执行相应的中断服务程序
(3) 保护现场	为了使中断处理不影响主程序的运行,需要把断点处有关寄存器的内容和标志位的状态压入堆栈区进行保护。现场保护要在中断服务程序开始处通过编程实现

名　称	解　释
（4）中断服务	执行相应的中断服务程序,进行必要的处理
（5）恢复现场	在中断服务结束之后、返回主程序之前,把保存在堆栈区的现场数据从堆栈区弹出,送回原来的位置。恢复现场也需要通过编程实现
（6）中断返回	执行中断返回指令 RETI,它将堆栈内保存的断点地址弹给 PC,程序则恢复到中断前的位置

3. 中断请求的撤销

在响应中断请求以前,中断源发出的中断请求是由 CPU 锁存在 TCON 和 SCON 的相应中断标志位中。当中断请求得到响应时,必须把它的相应中断标志位复位为 0 状态;否则,单片机就会因为中断标志位未能及时撤销而重复响应同一中断请求,造成错误的产生。

（1）定时器/计数器溢出中断请求的撤销

TF0 和 TF1 是定时器/计数器溢出中断标志位,它们因定时器/计数器溢出而置位,中断得到响应后自动复位为 0 状态。因此,定时器/计数器溢出的中断请求标志是自动撤销的,用户不用考虑。

（2）外部中断请求的撤销

外部中断请求有电平触发和下降沿触发两种方式,不同的触发方式有不同的撤销中断方法。

在电平触发方式下,外部中断标志 IE0 或 IE1 是靠 CPU 检测$\overline{INT0}$或$\overline{INT1}$引脚上的低电平而置位的。尽管 CPU 响应中断时相应的中断标志 IE0 或 IE1 能自动复位成 0 状态,但是若外部中断源不能及时撤销引脚上的低电平,就会再次使已经变成 0 的中断标志 IE0 或 IE1 置位,引起重复中断而造成错误。所以,电平触发方式的外部中断请求必须使$\overline{INT0}$或$\overline{INT1}$引脚上的低电平随着其中断被响应而变成高电平。

在下降沿触发方式下的外部中断 0 或 1,CPU 在响应中断后有硬件自动清除其中断标志位 IE0 或 IE1,用户不必考虑。

（3）串行口中断请求的撤销

TI 和 RI 是串行口中断的标志,中断响应后不能自动将它们撤销,因为 MCS-51 系列单片机进入串行口中断服务程序后常需要对它们进行检测,以确定串行口发生了接收中断还是发送中断。为防止 CPU 再次响应这类中断,用户在终端服务程序的适当位置通过如下指令将它们撤销:

```
CLR  TI          ;撤销发送中断请求
CLR  RI          ;撤销接收中断请求
```

4. 中断的嵌套

MCS-51 有两个中断优先级,当 CPU 正在执行中断服务程序,又有新的中断源发出中断申请时,CPU 要进行分析判断,决定是否响应新的中断。若是同级中断源申请中断,CPU 将不予处理;若是更高级中断源申请中断,CPU 将转去响应新的中断请求,待高级中断服务程序执行完毕,CPU 再转回低级中断服务程序。这就是中断的嵌套。中断嵌套在实时处理系统中应用很广泛。

5.6 由中断模块程序认知中断处理过程

本节的主要目的是让初学者对中断处理过程有一个整体的认识,读者可以根据每一条语句以及后面的注释体会中断的流程。

5.6.1 外部中断模块代码

```
            ORG     0000H           ;系统复位地址
            LJMP    MAIN            ;跳转到主程序
            ORG     0003H           ;INT0 中断入口地址
            LJMP    INT_INT0        ;跳转到外部中断 0 服务程序
            ORG     0013H           ;INT1 中断入口地址
            LJMP    INT_INT1        ;跳转到外部中断 1 服务程序

            ORG     0030H           ;主程序首地址
MAIN:       …                       ;用户程序
            SETB    IT0             ;设置外部中断 0 为下降沿触发
            CLR     IT1             ;设置外部中断 1 为低电平触发
            SETB    EX0             ;启动外部中断 0
            SETB    EX1             ;启动外部中断 1
            SETB    EA              ;总中断开
            …                       ;用户程序
;外部中断 0 子程序
INT_INT0:CLR     EX0               ;关闭外部中断 0
            …                       ;中断处理程序
            SETB    EX0             ;启动外部中断 0
            RETI                    ;中断返回
;外部中断 1 子程序
INT_INT1:CLR     EX1               ;关闭外部中断 1
            …                       ;中断处理程序
            SETB    EX1             ;启动外部中断 1
            RETI                    ;中断返回
            END                     ;程序结束
```

5.6.2 定时器中断模块代码

```
            ORG     0000H           ;系统复位地址
            LJMP    MAIN            ;跳转到主程序
```

```
        ORG     000BH              ;定时器 T0 中断入口地址
        LJMP    TIMER0             ;跳转到定时器 T0 中断服务程序
        ORG     001BH              ;定时器 T1 中断入口地址
        LJMP    TIMER1             ;跳转到定时器 T1 中断服务程序

        ORG     0030H              ;主程序首地址
MAIN:   ...                        ;用户程序
        MOV     TMOD, #21H         ;定时器 0,方式 1;定时器 1,方式 2
        MOV     TH0, #3CH          ;50 ms 的定时器初值(系统接 12 MHz 晶振)
        MOV     TL0, #0B0H
        MOV     TH1, #22           ;计数器初值
        MOV     TL1, #22;
        SETB    TR0                ;开定时器 T0
        SETB    TR1                ;开定时器 T1
        SETB    ET0                ;定时器 T0 中断允许
        SETB    ET1                ;定时器 T1 中断允许
        SETB    EA                 ;总中断开
        ...                        ;用户程序
;定时器中断 0 子程序
TIMER0: CLR     TR0                ;关定时器 T0
        CLR     ET0                ;定时器 T0 中断禁止
        ...                        ;用户程序
        MOV     TH0, #3CH          ;重置时间常数
        MOV     TL0, #0B0H
        SETB    TR0                ;开定时器 T0
        SETB    ET0                ;定时器 T0 中断允许
        RETI                       ;中断返回
;定时器中断 1 子程序
TIMER1: CLR     TR1                ;关定时器 T1
        CLR     ET1                ;定时器 T1 中断禁止
        ...                        ;用户程序
        SETB    TR1                ;开定时器 T1
        SETB    ET1                ;定时器 Ti 中断允许
        RETI                       ;中断返回
        END                        ;程序结束
```

5.7　通过实例掌握外部中断

利用 AT89C51 单片机控制 LED 的状态,电路如图 5-1 所示,$\overline{INT0}$外接按键 K1。初始状态下,LED 闪亮周期为 1 s,占空比 50%。若 K1 按下则触发中断,LED 常亮;若 K1 弹起,则 LED 恢复初始状态。利用软件延时,给出汇编语言完整源代码。

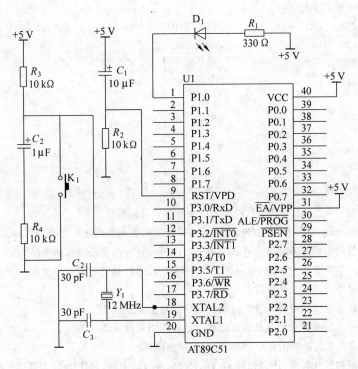

图 5-1　键控 LED 电路原理图

程序源代码：

```
LED       EQU   P1.0          ;P1.0 定义为 LED

          ORG   0000H         ;系统复位地址
          LJMP  MAIN          ;跳转到主程序
          ORG   0003H         ;INT0(外部中断 0)
          LJMP  INT_INT0      ;跳转到外部中断 0 服务程序
          ORG   0030H         ;主程序首地址
/*********主程序*********/
MAIN:     MOV   SP,＃60H       ;设堆栈指针，主程序开始
          CLR   IT0           ;设置外部中断 0 低电平触发
          SETB  EX0           ;启动外部中断
          SETB  EA            ;总中断开
          CLR   LED           ;点亮 LED
X1:       MOV   R7,＃10        ;延时参数设定
L3:       MOV   R6,＃100       ;延时参数设定
L2:       MOV   R5,＃250       ;延时参数设定
L1:       DJNZ  R5,L1         ;2 μs×250=500 μs=0.5 ms
          DJNZ  R6,L2         ;0.5 ms×100=50 ms
          DJNZ  R7,L3         ;50 ms×10=500 ms=0.5 s
          CPL   LED           ;LED 取反
          LJMP  X1            ;跳转至 X1
```

```
/*****外部中断 0 子程序****/
INT_INT0:CLR    EX0                ;关外部中断 0
         CLR    LED                ;点亮 LED
         SETB   EX0                ;开外部中断 0
         RETI                      ;中断返回

         END                       ;程序结束
```

 习题

5-1　什么是中断源？MCS-51 系列单片机有几个中断源？分别是什么？

5-2　当同时收到几个同一优先级的中断请求时,各中断源的优先级顺序是怎样的？

5-3　一个正在执行的中断服务程序在什么情况下可以被另外一个中断请求所中断？

5-4　如果要开放外部中断 0 中断源,则中断允许寄存器 IE 的控制字应该是多少？

5-5　中断的处理过程包括哪几个阶段？

5-6　外部中断源的触发方式有哪几种？分别是如何实现中断请求的？

5-7　各个中断源的入口地址分别是什么？这些地址能否用软件改变？

5-8　在 MCS-51 系列单片机的内存中,应该如何安排程序区？

5-9　编写一段中断初始化程序,使之允许 $\overline{INT0}$、$\overline{INT1}$、串行口中断,且使 $\overline{INT0}$ 为高优先级中断。

5-10　定时器/计数器 0 溢出中断发出请求时,要求 CPU 将片内存储区 DATA1 单元开始的 20 个单字节数据依次与 DATA2 单元为起始地址的 20 个单字节数据进行交换。要求编写主程序(与中断有关的部分)和中断服务程序。

第 6 章

MCS-51 系列单片机的定时器/计数器

在工业测控系统中,许多场合都要用到计数或定时功能。例如,对外部脉冲进行计数、精确定时、作串行口的波特率发生器等。MCS-51 系列单片机内部有两个可编程的定时器/计数器,以满足这方面的要求。本章主要介绍 51 系列单片机定时器/计数器(T0 和 T1)的结构和使用方法。通过本章的学习,了解定时器/计数器的结构和工作方式,熟悉相关特殊功能寄存器的配置,同时通过模块代码和例程,掌握定时器/计数器相关的编程思路。

6.1   定时器/计数器的结构

MCS-51 系列单片机定时器/计数器(T0 和 T1)的结构如图 6-1 所示,它由两个加法计数器、方式寄存器 TMOD、控制寄存器 TCON 等组成。CPU 通过内部总线与定时器/计数器交换信息。定时器/计数器 0 由 TH0(地址为 8CH)和 TL0(地址为 8AH)组成;定时器/计数器 1 由 TH1(地址为 8DH)和 TL1(地址为 8BH)组成。TH0(TH1)表示高 8 位,TL0(TL1)表示低 8 位。这 4 个 8 位计数器均属于特殊功能寄存器。TMOD 寄存器用来确定工作方式。TCON 是控制寄存器,用来控制 T0 和 T1 的启动、停止、计数操作并设置溢出标志。

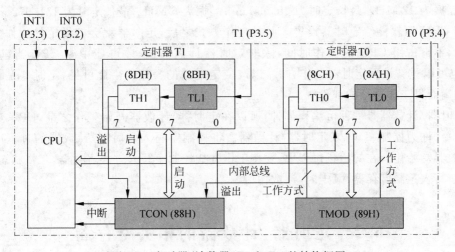

图 6-1   定时器/计数器(T0 和 T1)的结构框图

6.1.1　计数功能

MCS-51 系列单片机有 T0/P3.4 和 T1/P3.5 两个引脚,分别为计数器的计数脉冲输入端。外部输入的计数脉冲在负跳变有效,计数器加 1。计数方式下,单片机 CPU 在每个机器周期的 S5P2 状态对外部脉冲采样。如果前一个机器周期采样为高电平,后一个机器周期采样为低电平,那么下一个机器周期的 S3P1 状态进行计数。可见采样计数脉冲是在 2 个机器周期内进行的,计数脉冲频率不能高于晶振的 1/24。例如,如果选用 12 MHz 晶振,则最高计数频率为 0.5 MHz。虽然对外部输入信号的占空比无特殊要求,但为了确保某给定电平在变化前至少被采样一次,外部计数脉冲的高电平与低电平保持时间均需在一个机器周期以上。当计数器计满后,再来一个计数脉冲,计数器全部回 0。这就是溢出。

6.1.2　定时功能

定时工作方式是对单片机内部的机器周期计数。16 位的定时器/计数器实质上就是一个加 1 计数器。当定时器/计数器设定为定时工作方式时,计数器的加 1 信号由振荡器的 12 分频信号产生,即每来一个机器周期,计数器加 1,直至计满溢出为止。显然,定时器的定时时间与系统的振荡频率有关。因为一个机器周期等于 12 个振荡周期,所以计数频率 $f_{\text{count}} = (1/12) f_{\text{osc}}$。如果晶振为 12 MHz,则计数周期为

$$T = \frac{1}{(12 \times 10^6)\ \text{Hz} \times (1/12)} = 1\ \mu s$$

在机器周期一定的情况下,定时时间与定时器预先装入的初值有关。初值越大,定时时间越短;初值越小,定时时间越长。最长的定时时间为 65 536(2^{16})个机器周期(初值为 0)。例如,晶振为 12 MHz,最长定时为 65.536 ms;晶振为 6 MHz,最长定时为 131.072 ms。

当 CPU 用软件给定时器设置了某种工作方式之后,定时器就会按设定的工作方式独立运行,不再占用 CPU 的操作时间,除非定时器计满溢出,才可能中断 CPU 当前操作。CPU 也可以重新设置定时器工作方式,以改变定时器的操作。由此可见,定时器是单片机中效率高而且工作灵活的部件。

定时器/计数器是一种可编程部件,所以在定时器/计数器开始工作之前,CPU 必须将一些命令(称为控制字)写入定时器/计数器。将控制字写入定时器/计数器的过程叫定时器/计数器初始化。在初始化过程中,要将工作方式控制字写入方式寄存器,工作状态字(或相关位)写入控制寄存器,赋定时/计数初值。

6.2　定时器/计数器的相关寄存器

定时器/计数器 T0 和 T1 有 2 个控制寄存器:TMOD 和 TCON,它们分别用来设置各个定时器/计数器的工作方式、选择定时或计数功能、控制启动运行以及作为运行状态的标志等。定时器的中断由中断允许寄存器 IE、中断优先级寄存器 IP 中的相应位进行控制。

定时器 T0 的中断入口地址为 000BH,T1 的中断入口地址为 001BH。

6.2.1　定时器/计数器的方式寄存器 TMOD

定时器/计数器方式控制寄存器 TMOD 是一个特殊功能寄存器,不能位寻址。TMOD 的格式如表 6-1 所示。

表 6-1　定时器/计数器的方式寄存器 TMOD

位地址	8FH	8EH	8DH	8CH	8BH	8AH	89H	88H
TMOD	GATE	C/$\overline{\text{T}}$	M1	M0	GATE	C/$\overline{\text{T}}$	M1	M0

表 6-1 中,TMOD 的高 4 位用于 T1,低 4 位用于 T0,4 种符号的含义如下。

GATE:门控制位。

GATE 和软件控制位 TR0(或 TR1)、外部引脚信号 INT0(或 INT1)的状态,共同控制定时器/计数器的打开或关闭。

GATE=0,以运行控制位 TR0(或 TR1)来启动或禁止定时器/计数器,而不管外部引脚信号 INT0(或 INT1)的电平是高还是低。

GATE=1,只有外部引脚信号 $\overline{\text{INT0}}$(或 $\overline{\text{INT1}}$)的电平是高电平,并且由软件使 TR0(或 TR1)置 1 时,才能启动定时器工作。

C/$\overline{\text{T}}$:定时器/计数器选择位。

C/$\overline{\text{T}}$=1,为计数器方式;C/$\overline{\text{T}}$=0,为定时器方式。

M1、M0:工作方式选择位。

如表 6-2 所示,定时器/计数器的 4 种工作方式由 M1、M0 设定。

定时器/计数器方式控制寄存器 TMOD 不能进行位寻址,只能用字节传送指令设置定时器工作方式。复位时,TMOD 所有位均为 0。

表 6-2　定时器/计数器的工作方式

M1	M0	工作方式	方式说明
0	0	0	13 位定时器/计数器
0	1	1	16 位定时器/计数器
1	0	2	8 位自动重置定时器/计数器
1	1	3	两个 8 位定时器/计数器(只有 T0 有)

例 6-1　设定定时器 1 为定时方式,要求软件启动定时器 1,按方式 2 工作。定时器 0 为计数方式,要求由软件启动定时器 0,按方式 1 工作。请编制定时器/计数器初始化程序。

分析:由表 6-1 可知,C/$\overline{\text{T}}$ 位(D6)是定时器/计数器 1 的定时或计数功能选择位,当 C/$\overline{\text{T}}$=0 时定时器/计数器 1 设定为定时工作方式。所以要使定时器/计数器 1 工作在定时器方式就必须使 D6 位为 0。

由表 6-2 可以看出,要使定时器/计数器 1 工作在方式 2,M1(D5 位)、M0(D4 位)的值必须是 1、0。

设定定时器 0 为计数方式。定时器/计数器 0 的工作方式选择位是 C/$\overline{\text{T}}$(D2 位)。当 C/$\overline{\text{T}}$=1 时,定时器/计数器 0 设定为计数方式。

要求由软件启动定时器 0,则门控位 GATE 应为 0。

将 M1(D1 位)、M0(D0 位)分别赋值为 0 和 1,则设定定时器/计数器 0 为工作方式 1。因此,初始化程序为:

```
MOV  TMOD,#25H    ;即 00100101B
```

6.2.2 定时器/计数器的控制寄存器 TCON

控制寄存器 TCON 的作用是控制定时器的启、停,标志定时器溢出和中断情况。TCON 是一个特殊功能寄存器。由于可位寻址,十分便于进行位操作。TCON 的格式如表 6-3 所示。其中,TF1、TR1、TF0 和 TR0 位用于定时器/计数器,IE1、IT1、IE0 和 IT0 位用于中断系统。

表 6-3   TCON 寄存器位定义

位地址	8FH	8EH	8DH	8CH	8BH	8AH	89H	88H
TCON	TF1	TR1	TF0	TR0	IE1	IT1	IE0	IT0

各位定义如下。

TF1:定时器 1 溢出标志位。

当定时器 1 计满溢出时,由硬件使 TF1 置 1,并且申请中断。进入中断服务程序后,由硬件自动清 0;在查询方式下用软件清"0"。

TR1:定时器 1 运行控制位。

由软件清 0 关闭定时器 1。当 GATE=1,且 INT1 为高电平时,TR1 置 1,启动定时器 1;当 GATE=0,TR1 置 1,启动定时器 1。

TF0:定时器 0 溢出标志。

其功能及操作情况同 TF1。

TR0:定时器 0 运行控制位。

其功能及操作情况同 TR1。

IE1:外部中断 1 请求标志。

IT1:外部中断 1 触发方式选择位。

IE0:外部中断 0 请求标志。

IT0:外部中断 0 触发方式选择位。

由于 TCON 是可以位寻址的,因而如果只需要清 0 溢出标志或启动定时器工作,可以用位操作命令。如:

```
CLR   TF0         ;清除定时器 0 的溢出标志
CLR   IE0         ;清除定时器 0 的中断标志
SETB  TR0         ;启动定时器 0
```

6.2.3　中断允许寄存器 IE

IE 寄存器在第 5 章已经介绍过,其中与定时器/计数器有关的控制位重复说明如下。

ET0:定时器/计数器 0 中断允许控制位。

　　ET0=0,禁止定时器/计数器 0 中断;

　　ET0=1,允许定时器/计数器 0 中断。

ET1:定时器/计数器 1 中断允许控制位。

　　ET1=0,禁止定时器/计数器 1 中断;

　　ET1=1,允许定时器/计数器 1 中断。

6.2.4　中断优先级寄存器 IP

IP 寄存器在第 5 章已经介绍过,其中与定时器/计数器有关的控制位重复说明如下。

PT0:定时器/计数器 0 优先级设定位。

　　PT0=0,定时器/计数器 0 为低优先级;

　　PT0=1,定时器/计数器 0 为高优先级。

PT1:定时器/计数器 1 优先级设定位。

　　PT1=0,定时器/计数器 1 为低优先级;

　　PT1=1,定时器/计数器 1 为高优先级。

6.3　定时器/计数器的工作方式

1. 方式 0

当 TMOD 中的 M1 M0 为 00 时,定时器/计数器被设定为方式 0。

定时器 0 和定时器 1 均可以工作在方式 0。当定时器/计数器设定为工作方式 0 时,由 TL0(或 TL1)的低 5 位和 TH0(或 TH1)的 8 位构成 13 位计数器(TL0 的高 3 位无效)。下面以定时器/计数器 1 为例,叙述方式 0 的工作原理。定时器/计数器 1 工作方式 0 时的结构示意图如图 6-2 所示。

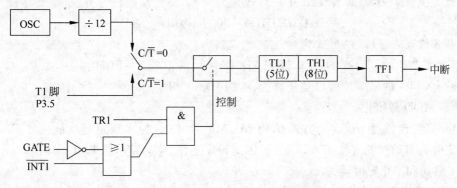

图 6-2　T1 工作方式 0 结构示意图

$C/\overline{T}$ 用来设定定时方式或计数方式。当 $C/\overline{T}=0$ 时,定时器/计数器设为定时器,定时信号为振荡周期 12 分频后的脉冲;当 $C/\overline{T}=1$ 时,定时器/计数器 1 设为计数器,计数信号来自引脚 T1 的外部信号。

定时器/计数器 1 的启动或禁止由 TR1、GATE 及引脚信号 INT1 控制。当 GATE=0 时,只要 TR1=1 就可启动定时或计数,使定时器 1 开始工作;当 GATE=1 时,只有 TR1=1 且 $\overline{\text{INT1}}=1$,才能启动定时器工作。GATE、TR1、$C/\overline{T}$ 的状态选择由定时器的控制寄存器 TMOD 和 TCON 中相应位状态确定,$\overline{\text{INT1}}$ 则是外部信号控制。

在一般的应用中,通常使 GATE=0,从而只由 TR1(或 TR0)的状态控制 T1(或 T0)的启动或禁止。

定时器/计数器 1 启动后,寄存器 TL1 从预先设置的初值(时间常数)开始不断增 1。TL1 溢出时,向 TH1 进位。当 TL1 和 TH1 都溢出之后,置位 T1 的定时器溢出标志 TF1,同时,向 CPU 请求中断。

在方式 0 时,若为计数工作方式,计数值的范围是:$1 \sim 8192(2^{13})$;

若为定时工作方式,定时时间的计算公式为

$$定时时间 = (2^{13} - 计数初值) \times 晶振周期 \times 12$$

或

$$定时时间 = (2^{13} - 计数初值) \times 机器周期$$

例 6-2　用 AT89C51 单片机控制输出脉冲。设晶振频率 $f_{osc}=6$ MHz,用定时器 1 以方式 0 产生周期为 600 μs 的等宽度方波脉冲,并由 P1.7 输出,以查询方式完成。

(1) 计算计数初值

欲产生周期为 600 μs 的等宽度方波脉冲,只需要在 P1.7 端以 300 μs 为周期交替输出高低电平即可,因此定时时间应为 300 μs。设待计数初值为 N,则

$$(2^{13} - N) \times 2 \times 10^{-6} = 300 \times 10^{-6}$$
$$N = 8042D = 1F6AH$$

写成二进制码形式为:

D15	D14	D13	D12	D11	D10	D9	D8	D7	D6	D5	D4	D3	D2	D1	D0
0	0	0	1	1	1	1	1	0	1	1	0	1	0	1	0

将低 5 位(D4~D0)写入 TL1 中的形式为

$$000D4D3D2D1D0 = 0000\ 1010B = 0AH$$

将高 8 位写入 TH1 的形式为

$$D12D11D10D9D8D7D6D5 = 1111\ 1011B = FBH$$

实际上,TL1 的高 3 位可以是任意值,本例中取 000B。

(2) TMOD 初始化

若定时器/计数器 1 设定为方式 0,则 M1 M0 为 0 0。为实现定时功能应使 $C/\overline{T}=0$。为实现定时器启动控制应使 GATE=0。因此设定工作方式寄存器(TMOD)=00H。

(3) 启动和停止定时器

由 TR1 启动和停止定时器。

TR1＝1,启动定时器 1;TR1＝0,停止定时器 1。

(4) 编制程序

```
            ORG     0000H
            LJMP    START2
            ORG     0030H
START2 : MOV    TCON, #00H        ;清 TCON
            MOV     TMOD, #00H        ;定时器工作方式 0
            MOV     TH1, #0FBH        ;计数初值设定高字节
            MOV     TL1, #0AH         ;计数初值设定低字节
            MOV     IE, #00H          ;关中断
            SETB    TR1               ;启动定时器 1
LOOPA:   JBC     TF1, LOOPB        ;查询是否溢出,若溢出(即 TF1=1)则复位 TF1 并转移
            SJMP    LOOPA             ;若没有溢出,则继续查询
LOOPB:   CLR     TR1               ;暂时停止计数
            MOV     TH1, #0FBH        ;重装计数初值
            MOV     TL1, #0AH
            CPL     P1.7              ;P1.7 脚状态取反
            SETB    TR1               ;启动定时器 1
            SJMP    LOOPA             ;查询下一次溢出
            END                       ;程序结束
```

2. 方式 1

当 TMOD 中的 M1 M0 为 0 1 时,定时器/计数器被设定为工作方式 1。

方式 1 与方式 0 几乎一样,只是方式 1 是 16 位计数方式,计数器由 TH0(或 TH1)全部 8 位和 TL0(或 TL1)全部 8 位构成,从而比工作方式 0 有更宽的定时/计数范围。

当作为计数工作方式时,计数值的范围是:$1 \sim 65\ 536(2^{16})$;

当作为定时工作方式时,定时时间计算公式为

$$定时时间＝(2^{16}－计数初值)\times 晶振周期\times 12$$

或

$$定时时间＝(2^{16}－计数初值)\times 机器周期$$

方式 1 比方式 0 更常用。

3. 方式 2

当 TMOD 中的 M1 M0 为 1 0 时,定时器/计数器被设定为工作方式 2。

方式 2 为 8 位自动重装时间常数的工作方式。由 TL0(或 TL1)构成 8 位计数器,TH0 (或 TH1)仅用来存放时间常数。启动定时器前,TL0(或 TL1)和 TH0(或 TH1)装入相同 的时间常数,当 TL0(TL1)溢出时,除定时器溢出标志 TF0(TF1)置位,向 CPU 请求中断 外,TH0(TH1)中的时间常数还会自动地装入 TL0(TL1),并重新开始定时或计数。由于 这种工作方式不需要指令重装时间常数,因而操作方便。在允许的条件下,应尽量使用这种 工作方式。当然,这种方式的定时/计数范围要小于方式 0 和方式 1。下面以定时器/计数 器 1 为例说明方式 2 的工作原理。定时器 1 工作方式 2 的结构见图 6-3。

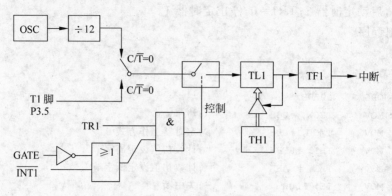

图 6-3 T1 工作方式 2 结构图

当寄存器 TL1 计数溢出后,由预置寄存器 TH1 以硬件方法自动给计数器 TL1 重置时间常数。初始化时,8 位计数初值同时装入 TL1 和 TH1 中。当 TL1 计数溢出时,置位 TF1,同时把保存在预置寄存器 TH1 中的计数初值自动加载 TL1,然后 TL1 重新计数。如此循环往复。这不仅省去了用户程序中的重装指令,而且也有利于提高定时精度。但这种工作方式下是 8 位计数结构,计数值有限,最大计数值为 256。

这种自动重置时间常数的工作方式非常适用于循环定时或循环计数应用,例如用于产生固定脉宽的脉冲,此外还可以作串行数据通信的波特率发送器使用。

例 6-3 已知 AT89C51 的晶振频率为 $f_{osc}=6$ MHz,使用定时器/计数器 0,以方式 2 产生 200 μs 的定时,即在 P1.0 输出周期为 400 μs 的连续方波,以中断方式完成。

(1) 计数初值

$$(2^8-N)\times2\times10^{-6}=200\times10^{-6}$$

$$N=156D=9CH$$

(2) TMOD 初始化

方式 2 时,M1 M0=10,定时方式 C/$\overline{T}$=0,GATE=0。定时器/计数器 1 不用,有关位设为 0,可得 TMOD=02H。

(3) 编制程序

```
            ORG    0000H
            LJMP   START
            ORG    000BH
            LJMP   LOOPA
            ORG    0030H
START:  MOV    TCON, #00H          ;清 TCON
            MOV    TMOD, #02H          ;定时器工作方式 2
            MOV    TH0, #9CH           ;计数初值设定
            MOV    TL0, #9CH
            SETB   EA                  ;允许总中断
            SETB   ET0                 ;允许定时器 0 中断
            SETB   TR0                 ;启动定时器 0
HERE2:  SJMP   HERE2               ;等待中断
LOOPA:  CPL    P1.0                ;输出取反
```

```
        RETI
        END
```

4. 方式 3

当 TMOD 中的 M1 M0＝11 时,定时器/计数器被设定为工作方式 3。

工作方式 3 只适用于定时器 0。如果使定时器 0 为工作方式 3,则定时器 1 将处于关闭状态。

在工作方式 3 下,定时器/计数器 T0 被分为两部分: TL0 和 TH0。其中 TL0 可作为定时器/计数器使用,占用 T0 的全部控制位: GATE、C/$\overline{\text{T}}$、TR0 和 TF0。而 TH0 固定只能作为定时器使用,对机器周期进行计数;这时它占用定时器/计数器 T1 的 TR1、TH1 位和 T1 的中断资源,因此这时定时器/计数器 T1 不能使用启动控制位和溢出标志位。T0 工作方式 3 结构图如图 6-4 所示。

通常情况下,T0 不运行于工作方式 3,只有在 T1 处于工作方式 2,并不要求中断的条件下才可能使用。这时,定时器/计数器 T1 作为串行口的波特率发生器。只要赋初值,设置好工作方式,它便自动启动,溢出信号直接送到串行口。如果要停止工作,只需要送入一个把定时器/计数器 T1 设置为方式 3 的方式控制字即可。由于定时器/计数器 T1 没有方式 3,如果强行把它设置为方式 3,就相当于使其停止工作。

在方式 3 下,计数器的最大计数值、初值的计算与方式 2 完全相同。

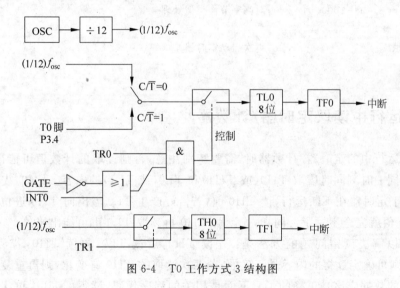

图 6-4 T0 工作方式 3 结构图

6.4 定时器/计数器的知识扩展

6.4.1 定时器的溢出同步问题

定时器溢出时,自动产生中断请求。但中断响应是有延迟的,这种延迟并非固定不变,而是取决于其他中断服务是否正在进行,或取决于正在执行的是什么样的指令。若定时器溢出中断是唯一的中断源,则延迟时间取决于后一个因素,可能在 3~8 个机器周期内变化,在这种情况下,相邻的两次定时中断响应的时间间隔的变化不大,在大多数场合可以忽略。但一些对定时器精度要求十分苛刻的场合,则对此误差应进行补偿。本小节介绍的补偿方法,可以使相邻两次中断响应的间隔误差不超过 1 个机器周期。

这种方法的原理是:在定时溢出中断得到响应时,停止定时器计数,读出计数值,根据这个计算出下一次中断时,需要多长时间,据此来重装和启动定时器。假设定时时间为 1 ms,则通常定时器装入值为 FC18H(计数值为 1000,假定系统用 12MHz 晶振)。下面给出的程序在计算每个周期的精度重装值时,还考虑了由停止计数(CLR TR1)到重新启动计数(SETB TR1)之间相隔了 7 个机器周期。程序在 ♯LOW(−1000+7)和 ♯HIGH(−1000+7)是汇编语言中汇编符号,分别表示−1000+7=0FC1FH 这个立即数的低位字节(1FH)和高位字节(FCH)。

```
      ...
      CLR   EA                       ;禁止所有中断
      CLR   TR1                      ;停止定时器 1
      MOV   A,#LOW(-1000+7)          ;期望数的低位字节
      ADD   A,TL1                    ;进行修正
      MOV   TL1,A                    ;重装低位字节
      MOV   A,#HIGH(-1000+7)         ;对高字节作类似处理
      ADC   A,TH1
      SETB  TR1                      ;再次启动定时器 1
      ...
```

6.4.2　运行中读取定时器/计数器

在读取运行中的定时器/计数器时,需要特别注意,否则读取的计数值可能出错。原因是不可能在同一时刻同时读取 TH0(或 TH1)和 TL0(或 TL1)的内容。比如,先读 TL0,后读 TH0,由于定时器在不断运行,读 TH0 前,若恰好产生 TL0 溢出向 TH0 进位的情况,则读取的 TL0 值就完全不对了。同样,先读取 TH0 再读取 TL0 也可能出错。

一种可以解决读错问题的方法是:先读 TH0,后读 TL0,再读 TH0,若两次读取的 TH0 相同,则可确定读得的内容是正确的;若两次读取的 TH0 有变化,则再重复上述过程,这次再读取的数据应该是正确的了。下面是相关的程序代码,读得的 TL0 和 TH0 放置在 R0 和 R1 内。

```
RDTIME:MOV   A,TH0                   ;读 TH0
      MOV   R0,TL0                   ;读 TL0
      CJNE  A,TH0,RDTIME             ;比较两次读得的 TH0 值,必要时再重复一次
      MOV   R1,A
      RET
```

6.5　由定时器/计数器模块程序认知定时器/计数器处理过程

由于定时器/计数器的功能是由软件编程确定的,所以一般在使用定时器/计数器前都要对其进行初始化,使其按设定的功能工作。初始化主要包括确定工作方式、赋值时间常数、设置相应中断、启动定时或计数等。

初始化前首先要计算时间常数。

因为在不同工作方式下计数器位数不同,因而最大计数值也不同。现假设最大计数值为 M,那么各方式下的最大值 M 如下。

方式 0: $M = 2^{13} = 8192$;

方式 1: $M = 2^{16} = 65\,536$;

方式 2: $M = 2^8 = 256$;

方式 3: 定时器 0 分成两个 8 位计数器,所以两个 M 均为 256。

如果要求的定时时间常数超出了 16 位寄存器的计数范围,则可采用定时器计数与软件计数相结合的方法实现。

例 6-4　利用定时器实现 P1.1 输出周期 2 s、占空比 50% 的方波,晶振 $f_{\mathrm{osc}} = 12\,\mathrm{MHz}$。试编制程序。

由周期 2 s、占空比 50% 可知,我们需要做一个 1 s 的定时程序,定时时间到则控制 P1.1 的端口电平取反。但是方式 1 下最大定时范围是 65 536 个机器周期,本系统 12 MHz 的外部晶振,机器周期为 $T = 12/f_{\mathrm{osc}} = 12/12\,\mathrm{MHz} = 1\,\mu\mathrm{s}$,则最大定时时间为 65.536 ms。我们可以用 T0 定时 50 ms,则 20 个 50 ms 的定时周期就是 1 s。

计数初值 X:

$$(2^{16} - X) \times 1\,\mu\mathrm{s} = 50\,000\,\mu\mathrm{s} = 50\,\mathrm{ms}$$

$$X = 15\,536 = 3\mathrm{CB0H}$$

则 TH0 = 3CH, TL0 = 0B0H。

下面给出定时器模块和计数器模块的程序模板。

假设使用定时器 T0 工作在方式 1,定时 50 ms,分别采用中断方式和查询方式编写的具体程序代码如下:

(1) 中断方式

```
        ORG   0000H
        LJMP  MAIN          ;跳转到主程序
        ORG   000BH         ;T0 中断入口地址
        LJMP  INTT0         ;跳转到 T0 中断服务子程序
        ORG   0100H         ;主程序
MAIN:   MOV   TMOD, #01H    ;设置 T0 为定时器方式 1
        MOV   TH0, #3CH     ;赋初值,定时 50 ms
        MOV   TL0, #0B0H
        MOV   R0, #00H      ;计数器清 0
```

```
          SETB   EA                        ;开启总中断
          SETB   ET0                       ;使能 T0 中断
          SETB   TR0                       ;T0 开始计时
LOOP:     CJNE   R0,#20,LOOP               ;计数不到 20 次,继续等待
          MOV    R0,#00                    ;计数 20 次后,清 0
          CPL    P1.1                      ;P1.1 取反
          LJMP   LOOP                      ;继续等待
                                           ;T0 中断服务子程序
INTT0:    CLR    TR0                       ;T0 停止计时
          MOV    TH0,#3CH                  ;重装初值,定时 50 ms
          MOV    TL0,#0B0H
          SETB   TR0                       ;T0 开始计时
          INC    R0                        ;计数器 R0 加 1
          RETI                             ;返回主函数
          END                              ;结束
```

（2）查询方式

```
          ORG    0000H
          LJMP   MAIN                      ;跳转到主程序
          ORG    0100H                     ;主程序
MAIN:     MOV    TMOD,#01H                 ;设置 T0 为定时器方式 1
          MOV    TH0,#3CH                  ;赋初值,定时 50 ms
          MOV    TL0,#0B0H
          SETB   TR0                       ;T0 开始计时
          MOV    R0,#00                    ;计数器清 0
LOOP:     JBC    TF0,NEXT                  ;如果 T0 计时溢出,先复位 TF0,跳转到 NEXT
          SJMP   LOOP                      ;如果没溢出,继续查询
NEXT:     CLR    TR0                       ;T0 停止计时
          MOV    TH0,#3CH                  ;赋初值,定时 50 ms
          MOV    TL0,#0B0H
          SETB   TR0                       ;T0 开始计时
          INC    R0                        ;计数器 R0 加 1
          CJNE   R0,#20,LOOP               ;计数不到 20 次,继续等待
          MOV    R0,#00                    ;计数 20 次后,清 0
          CPL    P1.1                      ;P1.1 取反
          LJMP   LOOP                      ;继续等待
          END                             ;结束
```

例 6-5　假设使用定时器 T0 工作在方式 1 进行计数 5000 次,试分别采用中断方式和查询方式编写程序。

（1）中断方式

```
          ORG    0000H
          LJMP   MAIN                      ;跳转到主程序
          ORG    000BH                     ;T0 中断入口地址
          LJMP   INTT0                     ;跳转到 T0 中断服务程序
```

```
        ORG    0100H              ;主程序
MAIN:   MOV    TMOD, #05H         ;设置 T0 为计数器方式 1
        MOV    TH0, #3CH          ;赋初值,计数 50 000 次
        MOV    TL0, #0B0H
        SETB   EA                 ;开启总中断
        SETB   ET0                ;使能 T0 中断
        SETB   TR0                ;T0 开始计数
        SJMP   $                  ;死循环,等待中断
                                  ;T0 中断服务程序
INTT0:  CLR    TR0                ;T0 停止计数
        MOV    TH0, #3CH          ;赋初值,计数 50 000 次
        MOV    TL0, #0B0H
        SETB   TR0                ;T0 开始计数
/*********************
添加用户应用代码
*********************/
        RETI                      ;返回主函数
        END                       ;结束
```

（2）查询方式

```
        ORG    0000H
        LJMP   MAIN               ;跳转到主程序
        ORG    0100H              ;主程序
MAIN:   MOV    TMOD, #01H         ;设置 T0 为计数器方式 1
        MOV    TH0, #3CH          ;赋初值,计数 50 000 次
        MOV    TL0, #0B0H
        SETB   TR0                ;T0 开始计数
LOOP:   JBC    TF0,NEXT           ;如果 T0 计数溢出,先复位 TF0,跳转到 NEXT
        SJMP   LOOP               ;如果没溢出,继续查询
NEXT:   CLR    TR0                ;T0 停止计数
        MOV    TH0, #3CH          ;赋初值,计数 50 000 次
        MOV    TL0, #0B0H
        SETB   TR0                ;T0 开始计数
/*********************
添加用户应用代码
*********************/
        SJMP   LOOP               ;返回 LOOP,继续查询
        END                       ;结束
```

6.6　通过实例掌握定时器

在单片机最小系统的基础上,将 P2.7 连接一个 LED,电路如图 6-5 所示。通过定时器控制 LED 每秒钟改变一下状态,占空比 50%。

分析：先设置定时器定时 50 ms,然后在每次定时到时 R2 计一次数,如果 R2 等于 20,说明定时了 20 个 50 ms 的时间,共 1 s。可以采用中断方式和查询方式实现,下面给出了具体的程序流程图和程序代码。

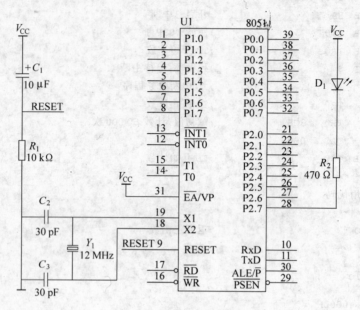

图 6-5　电路原理图

1. 采用中断处理方式的程序

（1）程序流程图

程序流程图如图 6-6 所示。

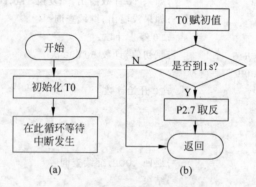

图 6-6　采用中断方式的程序流程图
(a) 主程序；(b) T0 中断服务程序

（2）汇编程序

```
ORG    0000H              ;开始
LJMP   MAIN               ;跳转到主程序
ORG    000BH              ;T0 中断入口地址
```

```
        LJMP  INTT0                ;跳转到 T0 中断服务程序
        ORG   0100H                ;主程序
MAIN:   MOV   TMOD, #01H           ;设置 T0 为定时器方式 1
        MOV   TH0, #3CH            ;赋初值,定时 50 ms
        MOV   TL0, #0B0H
        SETB  EA                   ;开启总中断使能
        SETB  ET0                  ;使能 T0 中断
        SETB  TR0                  ;T0 开始计时
        MOV   R2, #00H             ;循环计数变量清 0
        SJMP  $                    ;死循环,等待中断
                                   ;T0 中断服务程序
INTT0:  CLR   TR0                  ;T0 停止计时
        MOV   TH0, #3CH            ;赋初值,定时 50 ms
        MOV   TL0, #0B0H
        SETB  TR0                  ;T0 开始计时
        INC   R2                   ;循环计数变量加 1
        CJNE  R2, #14H, NC         ;如果 R2 不等于 20,跳转到 NC
        CPL   P2.7                 ;到 1s,P2.7 输出电平取反
        MOV   R2, #00H             ;循环计数变量清 0
NC:     RETI                       ;返回主函数
        END                        ;结束
```

2. 采用查询方式处理的程序

（1）程序流程图

程序流程图如图 6-7 所示。

（2）汇编程序

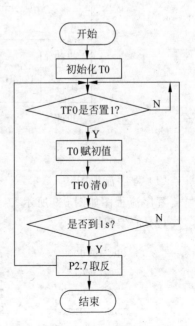

```
        ORG   0000H                ;开始
        LJMP  MAIN                 ;跳转到主程序
        ORG   0100H                ;主函数
MAIN:   MOV   TMOD, #01H           ;设置 T0 为定时器方式 1
        MOV   TH0, #3CH            ;赋初值,定时 50 ms
        MOV   TL0, #0B0H
        SETB  TR0                  ;T0 开始计时
        MOV   R2, #00H             ;循环计数变量清 0
LOOP:   JBC   TF0, NEXT            ;如果 T0 计数溢出,先复位
                                    TF0,跳转到 NEXT
        SJMP  LOOP                 ;如果没溢出,继续查询
NEXT:   CLR   TR0                  ;T0 停止计时
        MOV   TH0, #3CH            ;赋初值,定时 50 ms
        MOV   TL0, #0B0H
        SETB  TR0                  ;T0 开始计时
        INC   R2                   ;循环计数变量加 1
        CJNE  R2, #14H, LOOP       ;如果 R2 不等于 20,跳转
```

图 6-7　采样查询方式的程序流程图

```
                          到 LOOP
     CPL   P2.7           ;到 1s,P2.7 输出电平取反
     MOV   R2,#00H        ;循环计数变量清 0
     SJMP  LOOP           ;返回 LOOP,继续查询
     END                  ;结束
```

6.7 通过实例掌握计数器

在单片机最小系统中,将 P2.7 连接一个 LED,在 P3.4(计数器 0 外部输入引脚 T0)引脚输入一个脉冲计数信号 PULSE,电路如图 6-8 ,当脉冲计数到 50 000 次时,LED 改变亮灭状态。由于与上一个定时器的例子很相似,所以在此只给出了中断方式的程序,查询方式的程序读者可以自行编写。

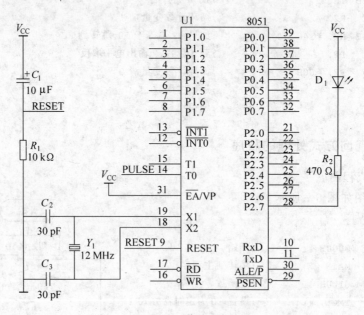

图 6-8 电路原理图

(1) 程序流程图

程序流程图如图 6-9 所示。

(2) 汇编程序

```
     ORG   0000H         ;开始
     LJMP  MAIN          ;跳转到主程序
     ORG   000BH         ;T0 中断入口地址
     LJMP  INTT0         ;跳转到 T0 中断服务程序
     ORG   0100H         ;主程序
MAIN: MOV   TMOD,#05H     ;设置 T0 为计数器方式 1
     MOV   TH0,#3CH      ;赋初值,计数 50 000 次
```

```
          MOV    TL0,#0B0H
          SETB   EA              ;开启总中断使能
          SETB   ET0             ;使能 T0 中断
          SETB   TR0             ;T0 开始计数
          SJMP   $               ;死循环,等待中断
                                 ;T0 中断服务程序
INTT0:    CLR    TR0             ;T0 停止计数
          MOV    TH0,#3CH        ;赋初值,计数 50 000 次
          MOV    TL0,#0B0H
          SETB   TR0             ;T0 开始计数
          CPL    P2.7            ;到 1s,P2.7 输出电平取反
NC:       RETI                   ;返回主程序
          END                    ;结束
```

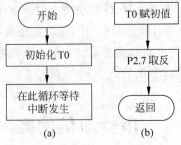

图 6-9　采用中断方式的程序流程图

(a) 主程序；(b) T0 中断服务程序

 习题

6-1　MCS-51 系列单片机内部有几个定时器/计数器？简述各个定时器/计数器的功能。

6-2　简述 MCS-51 系列单片机定时器/计数器 4 种工作方式的特点,如何选择和设定？

6-3　定时器/计数器用作定时方式时,其定时时间与哪些因素有关？用作计数时,对外界计数频率有何要求？

6-4　为什么要对定时器/计数器初始化？初始化的步骤是什么？

6-5　当定时器 T0 工作在方式 3 时,由于 TR1 位已经被 T0 占用,如何控制定时器 T1 的开启和关闭？

6-6　单片机晶振频率为 6 MHz,利用 T0 工作方式 2 在 P1.1 引脚产生 100 kHz 的方波,中断方式。试编写程序。

6-7　单片机 P1 口接有 8 个发光二极管,高电平使 LED 发光,用 T1 定时,使 8 个 LED 以 1 s 间隔循环发光。设晶振频率为 6 MHz。

6-8　在晶振主频为 12 MHz 时,定时最长时间是多少？若要定 1 min,最简洁的方法是什么？试画出电路图并编程。

6-9　定时器/计数器 T1 对生产线上的产品计数,生产完 100 件产品,由 P1.7 发出一高电平,脉冲信号控制包装设备包装。编程实现上述功能。

6-10　编程利用 T0 测量送到 INT0 引脚正脉冲的宽度,并将测量计数值送片内 RAM 的 30H、31H 单元。设单片机的晶振频率是 6 MHz。

第7章

MCS-51 系列单片机的串行口

本章主要介绍串行口的概念、结构和工作方式等。通过本章的学习,读者着重了解串行口的工作原理、熟悉串口控制寄存器的使用方法,并通过串口模块程序的学习了解串行口编程的思路。

MCS-51 串行口是一个可编程的全双工串行通信接口。它可用作异步通信方式(UART),与串行传送信息的外部设备相连接,或用于通过标准异步通信协议进行全双工的 8051 多机系统,也可以通过同步方式使用 TTL 或 CMOS 移位寄存器来扩充 I/O 口。8051 单片机通过引脚 RxD(P3.0,串行数据接收端)和引脚 TxD(P3.1,串行数据发送端)与外界通信。SBUF 是串行口缓冲寄存器,包括发送寄存器和接收寄存器。它们有相同名字和地址空间,但不会出现冲突,因为它们两个一个只能被 CPU 读出数据,一个只能被 CPU 写入数据。

7.1 串行通信的概念

通信总线有两种:并行通信总线和串行通信总线,如图 7-1 所示。

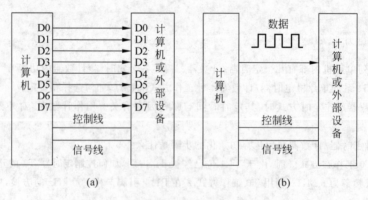

图 7-1 数据通信的并行方式和串行方式

(a) 并行通信;(b) 串行通信

1. 并行通信

并行通信总线是多位数据或者控制信息同时传送或者接收。并行总线能以简单的硬件来运行高速的数据传输和处理,速度快、实时性好。但是一个并行数据的二进制位数有多少,就要占据多少根传输线,这样导致需要较多的传输线,通信成本高,不适于小型化产品,只适用于近距离的传送。

2. 串行通信

串行通信总线是所传送的数据和控制信息按顺序一位一位地逐位传送或者接收。由于数据串行传送,每次只能传送一位数据,所以传输速度较慢,但是只需要 1~4 根传输线,在数据通信吞吐量不是很大的情况下则显得更加简易、方便和灵活,可以大大节省传输线成本。串行通信总线的信息传输速度比并行通信总线慢,但是产品成本是系统的一个重要指标,因此在长距离传输时多选用串行通信总线。距离越长,这个优点越突出。

（1）分类

串行通信分为同步通信和异步通信,如图 7-2 所示。

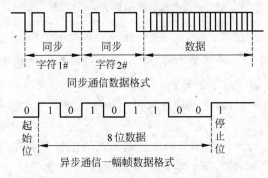

同步通信数据格式

异步通信一幅帧数据格式

图 7-2 同步通信和异步通信的字符格式

同步通信:通信过程中,发送器和接收器共享同一个时钟。数据发送端在通信开始时,先发送一个同步字符来指示一帧数据的开始;接收端一旦检测到规定的同步字符,就连续地按顺序接收数据;并且由统一的时钟来实现发送端和接收端的同步。同步通信过程中,不需要发送数据字符开始和结束标志,并且在一帧数据内可以传送多个数据,传输速度快;但是对硬件要求较高,实用性稍差,容易出错。

异步通信:在通信过程中,发送器和接收器有各自的时钟,它们工作是非同步的。一帧数据先用一个起始位表示传输的开始,然后传输 5~8 位的数据位,还可以有奇偶校验位,最后是结束位。由于异步通信一帧数据格式固定,硬件结构比较简单,同时可以进行奇偶校验,出错率低;但是需要在一帧数据中增加起始位和结束位,传输速度较慢。

根据数据信息在传输线上的传送方向,串行通信又分为单工通信、半双工通信和全双工通信三种,如图 7-3 所示。

单工通信:指两个设备之间数据传输信号流始终沿一个方向流动。

半双工通信:指数据可以双向传送,但同一时刻只允许一个方向传送,该方式要求通信两端都有发送装置和接收装置,数据传输方向可以在通信前或通信过程中切换。半双工通信也需要两条传输线,一条传输数据代码,一条传输控制信号,该方式适用于终端之间的会话式通信。

全双工通信:指数据可以双向传送,而且可以同时传送,即能同时双向进行通信。全双工通信需要 4 条传输线,特别适用于计算机之间通信,因此计算机网络中目前基本上都是采用全双工通信方式。

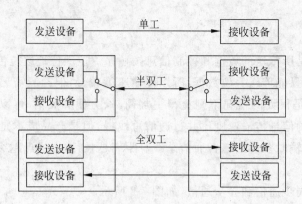

图 7-3　串行数据传输方向示意图

（2）波特率

波特率是串行通信中的一个重要概念，它用于衡量串行通信速度快慢。波特率是指串行通信中，单位时间传送的二进制位数，单位是 bps，如每秒传送 200 位二进制位，则波特率为 200 bps。在异步通信中，传输速度往往又可用每秒传送多少个字节来表示（Bps）。它与波特率的关系为

波特率（bps）＝一个字节的二进制形式的位数×字符/秒（Bps）

例如，每秒传送 200 个字符，每个字符 1 位起始位、8 个数据位、1 个校验位和 1 个停止位，则波特率就是 2200 bps。在异步串口通信中，波特率一般为 50～9600 bps。

（3）通用异步接收器/发送器原理

实现串行通信的必要过程是：必须把并行数据转变成串行数据，或者把串行数据转变成并行数据。数据的串并转换通常都是使用硬件 UART 即通用异步接收器/发送器来实现的。

UART 的硬件逻辑结构如图 7-4 所示。由三部分组成：接收部分、发送部分和控制部

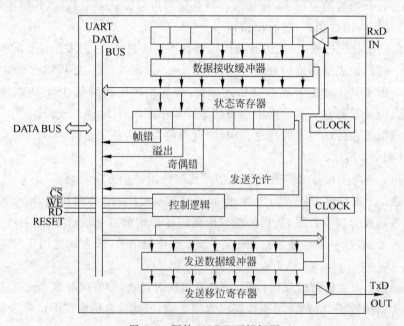

图 7-4　硬件 UART 逻辑框图

分,其中接收和发送都具有双缓冲结构。

工作原理为:接收时,由 RxD 送来的串行数据先进入移位寄存器,变成并行数据后传送给接收缓冲器,在控制信号作用下,并行数据通过数据总线送给 CPU;发送时,由发送缓冲器接收 CPU 送来的并行数据,送至发送移位寄存器,加上起始位、校验位和停止位,由 TxD 线串行输出。

7.2　MCS-51 系列单片机串行口的结构

7.2.1　串行口的结构

MCS-51 系列单片机片内有一个串行 I/O 接口,通过引脚 RxD(P3.0)和 TxD(P3.1)可与外部设备进行全双工的串行异步通信。基本结构如图 7-5 所示。

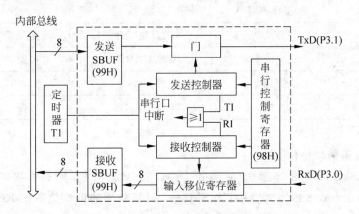

图 7-5　MCS-51 系列单片机串行口结构图

51 系列单片机的串行口有 4 种基本工作方式,通过编程设置,可以使其工作在任一方式,以满足不同应用场合的需要。其中,方式 0 主要用于外接移位寄存器,以扩展单片机的 I/O 电路;方式 1 多用于双机之间或与外设的通信;方式 2、3 除有方式 1 的功能外,还可用作多机通信,以构成分布式多微机系统。

8051 单片机串行口有两个控制寄存器,用来设置工作方式、发送或接收的状态、特征位、数据传送的波特率(每秒传送的位数),以及作为中断标志等。

单片机串行口有一个缓冲寄存器 SBUF,包括发送寄存器和接收寄存器。它们有相同名字和地址空间,但不会出现冲突,因为它们两个一个只能被 CPU 读出数据,一个只能被 CPU 写入数据。在一定条件下,向 SBUF 写入数据就启动了发送过程,读 SBUF 就启动了接收过程。

串行通信的波特率可以由程序设定。在不同工作方式中,由时钟振荡频率的分频值或由定时器 T1 的定时溢出时间确定,使用十分方便灵活。

7.2.2　串行口控制寄存器

1. 串行口控制寄存器 SCON

串行口控制寄存器 SCON 决定串行口通信工作方式,控制数据的接收和发送,并标示串行口的工作状态等。其各位定义如表 7-1 所示。

表 7-1　SCON 寄存器结构

SCON	D7	D6	D5	D4	D3	D2	D1	D0
	SM0	SM1	SM2	REN	TB8	RB8	TI	RI

SM0、SM1:串行口工作方式选择位,其定义如表 7-2 所示。

表 7-2　串行口工作方式设置表

SM0SM1	工作方式	功 能 描 述	波 特 率
00	方式 0	8 位移位寄存器	$f_{osc}/12$
01	方式 1	10 位 UART	可变
10	方式 2	11 位 UART	$f_{osc}/64$ 或 $f_{osc}/32$
11	方式 3	11 位 UART	可变

注:f_{osc}为晶振频率。

SM2:多机通信控制位。

方式 0 时,SM2 一定要等于 0。在方式 1 中,当 SM2=1 时,则只有接收到有效停止位时,RI 才置 1。在方式 2 或方式 3 中,当 SM2=1 且接收到的第 9 位数据 RB8=0 时,RI 才置 1。

REN:接收允许控制位。

由软件置位以允许接收,又由软件清 0 来禁止接收。

TB8:要发送数据的第 9 位。

在方式 2 或方式 3 中,要发送的第 9 位数据,根据需要由软件置 1 或清 0。例如,可约定作为奇偶校验位,或在多机通信中作为区别地址帧或数据帧的标志位。

RB8:接收到的数据的第 9 位。

在方式 0 中不使用 RB8。在方式 1 中,若 SM2=0,RB8 为接收到的停止位。在方式 2 或方式 3 中,RB8 为接收到的第 9 位数据。

TI:发送中断标志。

在方式 0 中,第 8 位发送结束时,由硬件置位。在其他方式的发送停止位前,由硬件置位。TI 置位即表示一帧信息发送结束,同时申请中断。可根据需要,用软件查询的方法获得数据已发送完毕的信息,或用中断的方式来发送下一个数据。TI 必须用软件清 0。

RI:接收中断标志位。

在方式 0,当接收完第 8 位数据后,由硬件置位。在其他方式中,在接收到停止位的中间时刻由硬件置位(例外情况见 SM2 的说明)。RI 置位表示一帧数据接收完毕,可用查询的方法获知或者用中断的方法获知。RI 也必须用软件清 0。

2. 电源管理寄存器 PCON

PCON 主要是为 CHMOS 型单片机的电源控制而设置的专用寄存器,单元地址是87H,不能进行位寻址,只能按字节方式访问。PCON 中只有一位 SMOD 与串行口工作有关,其结构格式如表 7-3 所示。

表 7-3　PCON 寄存器结构

PCON	D7	D6	D5	D4	D3	D2	D1	D0
位符号	SMOD	—	—	—	GF1	GF0	PD	IDL

SMOD 是串行口波特率倍增位。串行口工作在方式 1、方式 2、方式 3 时,若 SMOD=1,则波特率提高 1 倍;若 SMOD=0,则波特率不提高 1 倍。单片机复位时,SMOD=0。

3. 中断允许寄存器 IE

ES 为串行中断允许控制位,中断允许寄存器在第 5 章中已阐述,这里重述一下。

ES=1,允许串行中断;

ES=0,禁止串行中断。

4. 中断优先级控制寄存器 IP

IP 曾在第 5 章中介绍过,现将与串行口有关的位重新说明。

PS=0,串行口中断为低优先级;

PS=1,串行口中断为高优先级。

7.2.3　串行口的工作方式

MCS-51 系列单片机的全双工串行口可编程为 4 种工作方式。

1. 方式 0

方式 0 为移位寄存器输入输出方式。可外接移位寄存器以扩展 I/O 口,也可以外接同步输入输出设备。

（1）输出

串行数据从 RxD 引脚输出,TxD 引脚输出移位脉冲。CPU 将数据写入发送寄存器时,立即启动发送,将 8 位数据以 $f_{osc}/12$ 的固定波特率从 RxD 端依次输出,低位在前,高位在后。发送完一帧数据后,发送中断标志 TI 由硬件置位。

（2）输入

当串行口以方式 0 接收时,先置位允许接收控制位 REN。此时,RxD 为串行数据输入端,TxD 仍为同步脉冲移位输出端。当 RI=0 和 REN=1 同时满足时,开始接收。当接收到第 8 位数据时,将数据移入接收寄存器,并由硬件置位 RI。

2. 方式 1

方式 1 为波特率可变的 10 位异步通信接口方式。发送或接收一帧信息,包括 1 个起始位 0、8 个数据位和 1 个停止位 1。

（1）输出

当 CPU 执行一条指令将数据写入发送缓冲器 SBUF 时,就启动发送。串行数据从 TxD 引脚输出,发送完一帧数据后,就由硬件置位 TI。

（2）输入

在 REN=1 时,串行口采样 RxD 引脚,当采样到 1 至 0 的跳变时,确认是开始位 0,就开始接收一帧数据。只有当 RI=0 且停止位为 1 或者 SM2=0 时,停止位才进入 RB8,8 位数据才能进入接收寄存器,并由硬件置位中断标志 RI;否则信息丢失。所以在方式 1 接收时,应先用软件清零 RI 和 SM2 标志。

例 7-1 采用中断方式设计一个数据发送程序。

设串行口工作于方式 1,定时器工作于方式 2,主频为 6 MHz,波特率为 2400 bps,数据长度为 15,数据块首址存放于直接地址 20H 中,设发送数据为 ASCII 码,发送时在数据最高位加上奇偶校验位。

解：由方式 1、3 波特率发生公式

$$方式 1、3 的波特率 = \frac{2^{SMOD}}{32} \times \frac{f_{osc}}{12 \times [256 - (TH1)]}$$

当取 SMOD=1,f_{osc}=6 MHz,波特率为 2400 bps 时,可计算得 TH1 的近似值为 243（F3H）。程序框图如图 7-6 所示。

汇编程序

```
        ORG    0000H
        LJMP   START
        ORG    0023H
        LJMP   TXD1              ;进入串行中断程序
        ORG    0030H             ;主程序开始
START:  MOV    TMOD,#20H         ;定时器 1 工作方式 2
        MOV    TH1,#0F3H         ;设时间常数,波特率为 2400
        MOV    TL1,#0F3H
        SETB   TR1               ;启动 T1
        SETB   EA                ;CPU 开中断
        SETB   ES                ;开串行口中断
        MOV    SCON,#40H         ;串行口工作于方式 1
        MOV    PCON,#80H         ;置 SMOD=1
        MOV    R0,#20H           ;数据指针
        MOV    R7,#15            ;数据个数
        MOV    SBUF,R7           ;首先发送数据长度个数
WAIT:   LJMP   WAIT              ;等待中断
TXEND:  LJMP   TXEND             ;发送结束
TXD1:   LCALL  TXSUB             ;调数据发送子程序
```

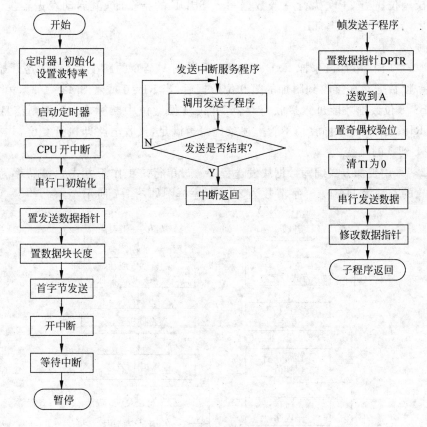

图 7-6 例 7-1 程序流程图

```
         DJNZ    R7,LOOP            ;判断是否发送完毕
         SJMP    TXEND             ;完毕就结束程序
LOOP:    RETI                      ;未完毕继续
TXSUB:   MOVX    A,@R0             ;取数据
         MOV     C,PSW.0           ;置奇偶校验码
         MOV     ACC.7,C
         CLR     C
         MOV     SBUF,A            ;发送数据
         INC     R0                ;调整地址,为取下一个数据作准备
         RET                       ;子程序返回
         END                       ;结束
```

3. 方式 2

方式 2 为固定波特率的 11 位 UART 方式。它比方式 1 增加了一位可程控位 1 或 0 的第 9 位数据。

（1）输出

发送的串行数据由 TxD 端输出一帧信息为 11 位,附加的第 9 位来自 SCON 寄存器的 TB8 位,用软件置位或复位。它可作为多机通信中地址/数据信息的标志位,也可以作为数据的奇偶校验位。当 CPU 执行一条数据写入 SBUF 的指令时,就启动发送器发送。发送一帧信息后,置位中断标志 TI。

（2）输入

在 REN＝1 时,串行口采样 RxD 引脚,当采样到 1 至 0 的跳变时,确认是开始位 0,就开始接收一帧数据。在接收到附加的第 9 位数据后,当 RI＝0 或者 SM2＝0 时,第 9 位数据才进入 RB8,8 位数据才能进入接收寄存器,并由硬件置位中断标志 RI;否则信息丢失,并且不置位 RI。再过一位时间后,不管上述条件是否满足,接收电路即执行复位,并重新检测 RxD 上从 1 到 0 的跳变。

例 7-2　采用查询方式编写数据块发送程序。设串行口工作于方式 2,波特率为 $f_{osc}/32$,数据块存放的首址为 DATA0,字节数为 20。程序框图如图 7-7 所示。

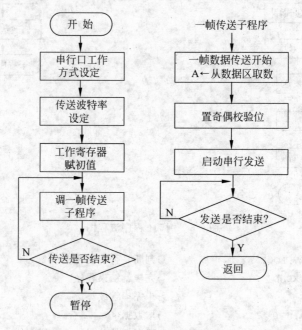

图 7-7　例 7-2 程序流程图

汇编程序

```
        ORG    0000H
        LJMP   START
        ORG    0100H
START:  MOV    SCON, #80H          ;设定串口工作方式 2
        MOV    PCON, #80H          ;设置传送波特率
        MOV    R0, #30H            ;指向数据区首址
        MOV    R7, #20             ;设定传送字节数
TX:     LCALL  TXSUB              ;调一帧传送子程序
        INC    R0                 ;为一次取数作准备
        DJNZ   R7, TX             ;判断是否传送结束,未完继续
TXSUB:  MOVX   A, @R0             ;开始传送数据
        MOV    C, PSW.0           ;置奇偶校验位到 TB8
```

```
        MOV    TB8,C
        MOV    SBUF,A          ;启动数据传送
TX1:    JBC    TI,TX2          ;查询是否传完
        SJMP   TX1
TX2:    CLR    TI              ;结束清 TI,为下一次作准备
        RET                    ;子程序返回
        END                    ;结束
```

4. 方式 3

方式 3 为波特率可变的 11 位 UART 方式。除波特率外,其余与方式 2 相同。

7.2.4　串行通信的波特率

在串行通信中,收发双方的数据传送率(波特率)要有一定的约定。在 MCS-51 系列单片机串行口的 4 种工作方式中,方式 0 和方式 2 的波特率是固定的,而方式 1 和方式 3 的波特率是可变的,由定时器 T1 的溢出率控制。

工作方式 0 时,移位脉冲由机器周期的第 6 个状态周期 S6 给出,每个机器周期产生一个移位脉冲,发送或接收一位数据。因此,波特率是固定的,为振荡频率的 1/12,不受 PCON 寄存器中 SMOD 的影响。用公式表示为

$$工作方式 0 的波特率 = f_{osc}/12$$

方式 2 的波特率由 PCON 中的选择位 SMOD 来决定。当 SMOD=1 时,波特率为 $f_{osc}/32$;当 SMOD=0 时,波特率为 $f_{osc}/64$。用公式表示为

$$工作方式 2 波特率 = (2^{SMOD}/64) \times f_{osc}$$

方式 1 和方式 3,定时器 T1 作为波特率发生器,用公式表示为

$$方式 1 和方式 3 的波特率 = 2^{SMOD} \times (T1 的溢出率)/32$$

T1 的溢出率为

$$T1 溢出率 = T1 计数率/产生溢出所需的周期数$$

式中,T1 计数率取决于它工作在定时器状态还是计数器状态。当工作于定时器状态时,T1 计数率为 $f_{osc}/12$;当工作于计数器状态时,T1 计数率为外部输入频率,此频率应小于 $f_{osc}/24$。产生溢出所需周期与定时器 T1 的工作方式、T1 的预置时间常数 x 有关。

定时器 T1 工作于方式 0:溢出所需周期数 = 8192 $-x$;

定时器 T1 工作于方式 1:溢出所需周期数 = 65 536 $-x$;

定时器 T1 工作于方式 2:溢出所需周期数 = 256 $-x$。

因为方式 2 为自动重装入初值的 8 位定时器/计数器模式,所以用它来做波特率发生器最恰当。

当时钟频率选用 11.0592 MHz 时,易获得标准的波特率,所以很多单片机系统选用这个频率的晶振。

表 7-4 列出了定时器 T1 工作于方式 2 常用波特率及初值。

表 7-4　常用波特率及初值

常用波特率/bps	f_{osc}/MHz	SMOD	TH1 初值	常用波特率/bps	f_{osc}/MHz	SMOD	TH1 初值
19 200	11.0592	1	FDH	2400	11.0592	0	F4h
9600	11.0592	0	FDH	1200	11.0592	0	E8h
4800	11.0592	0	FAH				

7.3　串行口通信

在计算机冗余控制和分布测控系统中,主要采用串行通信方式进行数据传输。8051 单片机自备串行口,为机间通信提供了极为便利的条件。

双机通信也称为点对点通信,用于双冗余控制单片机与单片机之间交换信息,也可用于单片机和通用微机间的信息交流。

在较大规模的测控系统中,一般采用多级系统构成分布式控制。主机主要进行管理,下位从机完成各种各样的检测控制,主机与从机间配备 RS-232C、RS-422 或 RS-485 等发送接收器进行远距离传输。

7.3.1　双机通信

如果采用单片机自身的 TTL 电平直接传输信息,其传输距离一般不超过 1.5 m。8051 单片机一般采用 RS-232C 标准进行点对点的通信连接。图 7-8 是两个 8051 间的连接方法,信号采用 RS-232C 电平传输,电平转换芯片采用 MAX232。

当 SYSTEM1 和 SYSTEM2 配置成相同的工作方式和波特率时,这两个系统便可以互相通信。

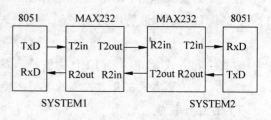

图 7-8　8051 间 RS-232C 电平信号的通信

7.3.2　多机通信

图 7-9 是单片机多机系统中常采用的总线型主从式多机系统。所谓主从式,即在数个单片机中,有一个是主机,其余的为从机,从机要服从主机的调度、支配。8051 单片机的串行口工作方式 2、方式 3 很适合这种主从式的通信结构。当然,在采用不同的通信标准通信时,还需进行相应的电平转换,也可以对传输信号进行光电隔离。在多机系统中,通常采用 RS-422 或 RS-485 串行标准总线进行数据传输。

根据 8051 串行口的多机通信能力,多机通信可以按照以下协议进行:

(1) 首先使所有从机的 SM2 位置 1,处于只接收地址帧的状态。

(2) 主机先发送一帧地址信息。其中前 8 位为地址,第 9 位为地址/数据信息的标志位,该位置 1 表示该帧为地址信息。

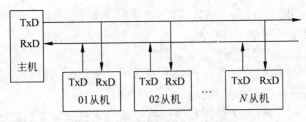

图 7-9　总线型主从式多机系统

（3）从机接收到地址帧后，各自将接收的地址与本从机的地址比较。对于地址相符的那个从机，使 SM2 位清 0，以接收主机随后发来的所有信息；对于地址不符的从机，仍保持 SM2＝1，对主机随后发来的数据不予理睬，直至发送新的地址帧。

（4）当从机发送数据结束后，发送一帧校验和，并置第 9 位（TB8）为 1，作为从机数据传送结束标志。

（5）主机接收数据首先判断数据结束标志（RB8），若 RB8＝1，则表示数据传送结束，并比较此帧校验和。若校验和正确，则回送正常信号 00H，此信号令该从机复位（即重新等待地址帧）；若校验和错误，则发送 0FFH，令该从机重发数据。若接收帧的 RB8＝0，则原数据到缓冲区，并准备接收下一帧信息。

（6）若主机向从机发送数据，则从机在第（3）步中比较地址相符后，从机令 SM2＝0，同时把本站地址发回主机，作出应答之后才能收到主机发送来的数据。其他从机继续监听地址（SM2＝1），无法收到数据。

（7）主机收到从机的应答地址后，确认地址是否相符。如果地址不符，则发复位信号（数据帧中 TB8＝1），清零 TB8，开始发送数据。

（8）从机收到复位命令后回到监听地址状态（SM2＝1），否则开始接收数据和命令。

7.4　通过实例掌握串行口通信

该实例是利用 AT89C51 单片机普通 I/O 模拟串行方式控制 3 位数码管，通过串行口接收 PC 机发送来的显示数据，并显示（0～99.9 范围内任意一个数）；显示完毕后，发送应答信息给 PC 机。程序由汇编语言给出。通过实例，可以让读者进一步学习串行口的原理及其应用，学习 RS-232 总线及 MAX232 工作原理，掌握单片机与 PC 机的通信方式。

7.4.1　硬件设计

1. RS-232 通信简介

单片机与上位机之间的通信，采用了 RS-232C 串行通信方式，因为如果是短距离的串行数据传输，则标准的 TTL 或 CMOS 足以应付；若要进行远距离的串行数据传输，使用标准的 TTL 或 COMS 电平驱动能力不足，通信质量很差。

美国电气工业协会 1969 年推荐的 RS-232C，全称是"使用二进制进行交换的数据转换设备和数据通信设备之间的接口"。目前在 PC 机上的 COM1 和 COM2 接口，就是 RS-232C 接口。

RS-232C 接口是用于点对点通信方式的,主要特点如下:

（1）数据传输速率不超过 20 kbps;

（2）传输距离最好小于 15 m;

（3）每个信号只有一根导线,两个传输方向共用一个信号地线;

（4）接口使用不平衡的发送器和接收器;

（5）只适用于点对点通信,无法用最少的信号线完成多点对多点的通信任务;

（6）电气上,RS-232C 的逻辑电平与 TTL 电平不同,因此与 TTL 电路接口时必须经过电平转换电路。

为了保证二进制数据能够正确传输,控制过程能够准确完成,必须对通信总线所使用的信号电平进行统一规定。RS-232C 总线标准规定了数据和控制信号的电压范围。

在数据线 TxD 和 RxD 上:

逻辑 1:−3∼−15 V;

逻辑 0:+3∼+15 V。

在控制线和状态线 RTS、CTS、DSR、DTR 和 DCD 上:

信号有效:+3∼+15 V;

信号无效:−3∼−15 V。

以上规定说明了 RS-323C 标准对逻辑电平的定义。由于 RS-232C 总线是在 TTL 集成电路之前研制的,采用了负逻辑。对于数据码:逻辑 1 的电平低于−3 V,逻辑 0 的电平高于+3 V;对于控制信号:信号有效的电平高于+3 V,信号无效的电平低于−3 V。

由于单片机采用 TTL 电平,RS-232C 总线上传输的是差分信号,两者电平信号不兼容,需要采用电平转换器件进行电平转换。

随着电子技术的发展,出现了大量的单电源供电的电平转换芯片,其体积更小,连接简便,而且抗静电能力强。MAX232 芯片是 MAXIM 公司生产的、包含两路接收器和驱动器的 RS-232 电平转换芯片,适于各种 RS-232 通信接口。

MAX232 芯片的引脚配置和典型应用如图 7-10 所示。从图中可以看到,MAX232 的接口非常简单。C1+、C2+、C1−、C2− 及 V+、V− 这些引脚是 MAX232 内部电源变换部分。电容都选用电解电容,电容值为 1 μF/16 V,可以提高抗干扰能力。在实际应用中,器件对电源噪声很敏感。因此,VCC 必须对地加去耦电容 0.1 μF,连接时电容必须尽量靠近器件。

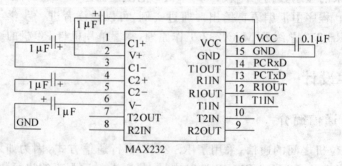

图 7-10　MAX232 接口电路

2. 硬件设计

PC 机控制 3 位数码管显示的完整电路如图 7-11 所示。

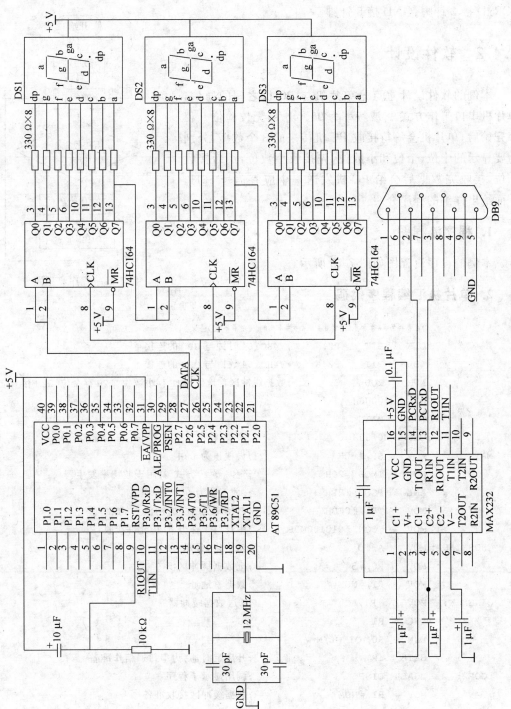

图 7-11　PC 机控制 3 位数码管显示电路图

图 7-11 中,数码管 DS3 显示小数位,DS2 显示个位,DS1 显示十位。单片机与 PC 机通信采用三线制连接方式,图中 PC 机通信接口的 PCTxD 接标准 9 针串口 DB9 的 3 针脚、PCRxD 接 2 针脚、GND 接 5 针脚。

7.4.2　软件设计

本例的软件设计重点是单片机与 PC 机之间的通信,单片机串口工作方式 1,波特率为 9600 b/s,无校验位。程序开始后,单片机会等待接收 PC 机传来的 3 个数据,分别为要显示的十位、个位和小数位,先接收小数位,最后接收十位,接收完数据后会给 PC 机发送一个应答信号 66H。下面给出详细的程序介绍。

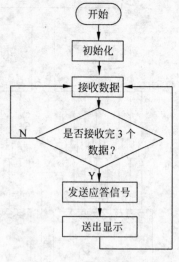

图 7-12　程序流程图

1. 程序流程图

本例的程序流程图如图 7-12 所示。

2. 单片机汇编程序代码

```
;#########################宏定义
CLK      BIT    P2.5          ;74HC164 时钟与 CPU 的连接
LED      BIT    P2.6          ;74HC164 数据与 CPU 的连接
NUM      EQU    21H           ;数据缓冲区首地址,21H 存小数位,22H 存个位,23H 存十位
ORG      0000H
LJMP     MAIN
ORG      0100H
MAIN:    MOV    SP,#60H        ;设栈顶为 60H
         MOV    TMOD,#20H      ;定时器 1,方式 2,用于波特率发生器
         ANL    PCON,#3FH      ;SMOD 位为 0
         MOV    TH1,#0FDH      ;波特率为 9600,初值为 FDH
         MOV    SCON,#01010000B ;串行口工作方式 1,允许接收
CHUSHIHUA: MOV  A,#0           ;初始化,显示 00.0
         MOV    R0,#3          ;把数据缓冲区清 0
         MOV    R1,#NUM        ;数据首地址
QINGLIN: MOV    @R1,A          ;0 送数据缓冲器
         INC    R1
         DJNZ   R0, QINGLIN
         SETB   TR1            ;开启定时器,为串口通信作准备
LOOP2:   LCALL  DISP           ;调用显示子程序
         MOV    R1,#NUM        ;数据缓冲区接收准备
         MOV    R0,#3          ;3 个数
WAIT1:   JNB    RI,WAIT1       ;等待接收
         CLR    RI             ;接收完数据必须软件复位接收中断标志
         MOV    A,SBUF         ;读出数据
```

```
        MOV     @R1,A                   ;存入缓冲区
        INC     R1                      ;准备接收下一位
        DJNZ    R0,WAIT1                ;接收 3 位
        MOV     A,#66H                  ;应答信号 66H
        MOV     SBUF,A                  ;发送
WAIT2:  JBC     TI,LOOP2                ;判断是否发送完
        SJMP    WAIT2
DISP:   MOV     A,#0                    ;######################显示子函数
        MOV     R1,#0                   ;清零 R1
        MOV     R0,#0                   ;清零 R0
        MOV     R1,#NUM                 ;数据首址
XIAN:   MOV     A,@R1                   ;取第一个数据
        MOV     R0,#08H                 ;循环次数(8 个二进制位)
        MOV     DPTR,#TAB0              ;显示代码表首址
        MOVC    A,@A+DPTR               ;取代码
        LCALL   HC164Z                  ;调显示子程序
        INC     R1
        MOV     A,@R1                   ;取第 2 个数据
        MOV     R0,#08H
        MOV     DPTR,#TAB1
        MOVC    A,@A+DPTR
        LCALL   HC164Z
        INC     R1                      ;取第 3 个数据
        MOV     A,@R1
        MOV     R0,#08H
        MOV     DPTR,#TAB0
        MOVC    A,@A+DPTR
        LCALL   HC164Z
        RET
HC164Z: CLR     C                       ;清零 CY
        RRC     A                       ;A 右移一位
        MOV     LED,C                   ;向数码管送出 1 个二进制位
        CLR     CLK
        SETB    CLK                     ;送同步时钟
        DJNZ    R0,HC164Z               ;未送完 8 个数据位,继续
        RET
TAB0:   DB      C0H                     ;0 数码管显示码表(不带小数点)
        DB      0F9H                    ;1
        DB      0A4H                    ;2
        DB      0B0H                    ;3
        DB      99H                     ;4
        DB      92H                     ;5
        DB      82H                     ;6
        DB      0F8H                    ;7
        DB      80H                     ;8
```

	DB	90H	;9
TAB1:	DB	40H	;0 数码管显示码表(带小数点)
	DB	79H	;1
	DB	24H	;2
	DB	30H	;3
	DB	19H	;4
	DB	12H	;5
	DB	02H	;6
	DB	78H	;7
	DB	00H	;8
	DB	10H	;9
	END		

7.4.3　PC 机与单片机串行通信的实现

首先,下载一款串行口调试助手软件,这类软件很多,读者可根据自己的喜好选择。然后打开软件,如图 7-13 所示,设置端口号、波特率、校验位、数据位等信息。注意,此处的设置必须与 PC 机的端口一致,否则不能实现正常通信。打开串口,清除发送区内容,改成自己想要发送的数据,本例是发送 11,十进制格式,接收区设置成十六进制格式,因为本例的单片机程序在接收到 PC 机信息后会应答一个 66H 的十六进制数据。单击发送按钮,会看到接收区收到数据 66,表示通信成功。

图 7-13　PC 机与单片机串口通信实验图

习题

7-1　串行通信有哪几种数据传送形式?

7-2　波特率的含义是什么?

7-3　什么是串行异步通信? 它有哪些特征?

7-4　单片机的串行口由哪些功能部件组成? 各有什么作用?

7-5　简述串行口接收和发送数据的过程。

7-6　8051 串行口有几种工作方式? 有几种帧格式? 各工作方式的波特率如何确定?

7-7　简述 8051 单片机多机通信过程。

7-8　为什么定时器/计数器 T1 用作串行口波特率发生器时,常采用方式 2? 若已知时钟频率、通信波特率,如何计算其初值? 若晶体振荡器为 11.0592 MHz,波特率为 4800 bps。写出用 T1 作为波特率发生器的计数初值。为什么不选用 12 MHz 晶振?

第8章

MCS-51 系列单片机系统扩展及
实用 I/O 接口技术

本章主要介绍单片机的扩展及实用接口技术。读者通过本章的学习,掌握扩展的程序存储器及数据存储器与单片机之间的连接方法,熟悉开关量输入输出信号与单片机的接口技术,了解常用模数转换(A/D)芯片及数模转换(D/A)芯片与单片机的接口技术。

8.1 存储器的扩展

在 MCS-51 系列及其兼容单片机中,8051/8751 芯片内部有 4 KB 的程序存储器,AT 89C51/AT 89S51 芯片内部有 4 KB 闪速存储器。在实际应用中,我们有时会遇到片内程序存储器不够用的情况,这时,就需要我们扩展程序存储器芯片以达到足够的程序存储器容量。

8.1.1 程序存储器扩展

程序存储器使用较多的是 EPROM 和 E^2PROM。EPROM 型的程序存储器芯片有 27 系列的 2764(8 KB)、27128(16 KB)、27256(32 KB)、27512(64 KB),E^2PROM 型的程序存储器有 28 系列的 AT28C64(8 KB)、AT28C512(64 KB)。这些系列产品已经考虑到引脚的兼容性问题,使用时基本可以互换。下面介绍典型的程序存储器扩展芯片 NMC2764。

1. NMC2764 引脚图

芯片 NMC2764 引脚图如图 8-1 所示。

NMC2764 为可编程只读存储器,它的内容可以通过紫外线照射而彻底擦除,擦除后可以重新写入新的程序。如果使用 28 系列和 29 系列,可以在写入新的程序前直接电擦除。NMC2764 引脚功能如表 8-1 所示。

表 8-1 NMC2764 引脚功能

引脚	功 能	引脚	功 能
A12～A0	地址线	VCC	工作电源＋5 V
I/O7～I/O0	数据线	VPP	编程电源＋25 V
$\overline{CE}$	片选控制输入端,低电平有效	$\overline{PGM}$	编程脉冲输入端
$\overline{OE}$	读出控制输入端,低电平有效	GND	芯片接地端

2. NMC2764 工作方式

NMC2764 的工作方式如表 8-2 所示:

表 8-2 NMC2764 工作方式

方式	$\overline{OE}$	$\overline{PGM}$	VPP	VCC	功能
读	0	0	5 V	5 V	数据输出
维持	1	×	5 V	5 V	高阻状态
编程	1	1	25 V	5 V	数据输入
编程校验	0	0	25 V	5 V	数据输出
编程禁止	0	1	25 V	5 V	高阻状态

程序存储器与 8031 单片机的扩展连接图如图 8-2 所示。存储器扩展主要是地址信号线、数据信号线和控制信号线的连接。

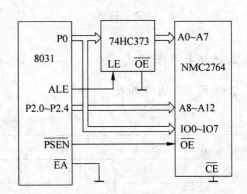

图 8-1 NMC2764 引脚图　　　　　图 8-2 8 KB 程序存储器扩展

NMC2764 的存储器容量为 8 KB,需 13 位地址(A12～A0)进行存储单元的选择,所以把 A7～A0 引脚与地址锁存器的 8 位地址输出引脚对应连接,剩下的地址引脚与 P2 口的 P2.4～P2.0 相连。

程序存储器的扩展只涉及 $\overline{PSEN}$ 信号,把该信号接 NMC2764 的 $\overline{OE}$ 端,作为存储单元的读出选通。由于只有一片 NMC2764,所以没有使用片选信号,而把 $\overline{CE}$ 端直接接地,也可以将 NMC2764 的 $\overline{OE}$ 端及 $\overline{CE}$ 端都与 $\overline{PSEN}$ 连接,达到降低功耗的目的。

8.1.2 数据存储器的扩展

与片内程序存储器相似,在实际使用中,有时会遇到片内数据存储器不够用的情况,这时,就需要扩展数据存储器芯片以达到足够的数据存储器容量。

单片机扩展数据存储器通常采用静态 RAM(SRAM)芯片,常用的有 6116(2 KB)、6264 (8 KB)、62256(32 KB)等。下面介绍典型的数据存储器扩展芯片 6264。

1. 6264 引脚图

芯片 6264 引脚图如图 8-3 所示。

6264 是 8 KB×8 位静态随机存储器芯片,采用 CMOS 工艺制造,单一＋5 V 电源供电,额定功耗 200 mW,典型存取时间 200 ns。6264 引脚功能如表 8-3 所示。

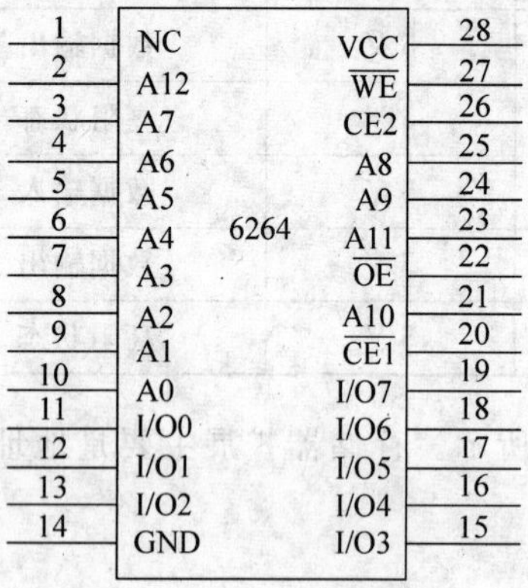

表 8-3　6264 引脚功能

引　脚	功　能
A10～A0	地址线
I/O7～I/O0	数据线
$\overline{CE1}$	片选信号
CE2	片选信号
$\overline{OE}$	数据输出允许信号
$\overline{WE}$	写选通信号
VCC	工作电源＋5 V
GND	芯片接地端

图 8-3　6264 引脚图

1	NC	VCC	28
2	A12	$\overline{WE}$	27
3	A7	CE2	26
4	A6	A8	25
5	A5	A9	24
6	A4	A11	23
7	A3	$\overline{OE}$	22
8	A2	A10	21
9	A1	$\overline{CE1}$	20
10	A0	I/O7	19
11	I/O0	I/O6	18
12	I/O1	I/O5	17
13	I/O2	I/O4	16
14	GND	I/O3	15

(6264)

2. 6264 工作方式

6264 的工作方式如表 8-4 所示。

表 8-4　6264 工作方式

$\overline{WE}$	$\overline{CE1}$	CE2	$\overline{OE}$	方式	D0～D7
×	1	×	×	未选中	高阻状态
×	×	—	×	未选中	高阻状态
1	0	1	1	输出禁止	高阻状态
0	0	1	1	写	Din
1	0	1	0	读	Dout

数据存储器与程序存储器扩展不同之处在于程序存储器使用 $\overline{PSEN}$ 作为读选通信号,而数据存储器是使用 $\overline{RD}$ 和 $\overline{WR}$ 分别作为读与写选通信号。如图 8-4 所示,以 $\overline{RD}$ 接 $\overline{OE}$,$\overline{WR}$ 接 $\overline{WE}$,进行 RAM 芯片的读写控制。由于只有一片 6264,所以没有使用片选信号,而把 $\overline{CE1}$ 端直接接地,CE2 端通过电阻接电源。

8.1.3　存储器综合扩展

在一个系统中,有时候需要同时扩展程序存储器和数据存储器,下面以扩展 16 KB RAM 和 16 KB EPROM 的接口电路为例,说明典型的扩展电路接法。本例采用两片 2764 EPROM 和两片 6264 RAM 芯片分别作为程序存储器和数据存储器,如图 8-5 所示。可以

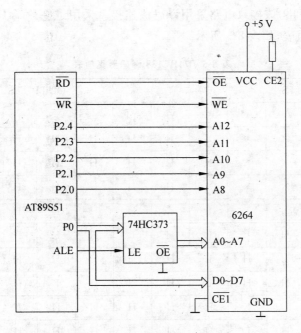

图 8-4　8 KB 数据存储器扩展

选用一片 27128 或 27256 代替两片 2764，一片 62128 或 62256 代替两片 6264。这里主要是想让读者了解扩展多个芯片时如何用译码器来选择芯片地址。

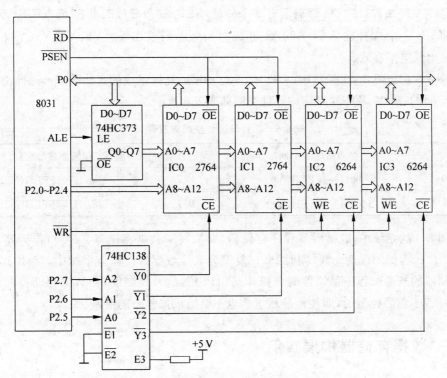

图 8-5　存储器扩展

从图 8-5 可以看出,该接口电路采用译码法连接。采用了一片 74HC138 译码器,该译码器的逻辑功能真值表,如表 8-5 所示。

表 8-5　74HC138 译码器真值表

INPUTS						OUTPUTS							
$\overline{E1}$	$\overline{E2}$	E3	A0	A1	A2	$\overline{Y0}$	$\overline{Y1}$	$\overline{Y2}$	$\overline{Y3}$	$\overline{Y4}$	$\overline{Y5}$	$\overline{Y6}$	$\overline{Y7}$
H	×	×	×	×	×	H	H	H	H	H	H	H	H
×	H	×	×	×	×	H	H	H	H	H	H	H	H
×	×	L	×	×	×	H	H	H	H	H	H	H	H
L	L	H	L	L	L	L	H	H	H	H	H	H	H
L	L	H	H	L	L	H	L	H	H	H	H	H	H
L	L	H	L	H	L	H	H	L	H	H	H	H	H
L	L	H	H	H	L	H	H	H	L	H	H	H	H
L	L	H	L	L	H	H	H	H	H	L	H	H	H
L	L	H	H	L	H	H	H	H	H	H	L	H	H
L	L	H	L	H	H	H	H	H	H	H	H	L	H
L	L	H	H	H	H	H	H	H	H	H	H	H	L

由表 8-5 可知,74HC138 译码器有 3 个使能端$\overline{E1}$、$\overline{E2}$ 和 E3,$\overline{E1}$ 和$\overline{E2}$低电平选通,E3 高电平选通;有 3 个选择输入脚 A0、A1 和 A2;8 个译码输出$\overline{Y0}$、$\overline{Y1}$、$\overline{Y2}$、$\overline{Y3}$、$\overline{Y4}$、$\overline{Y5}$、$\overline{Y6}$和$\overline{Y7}$,输出低电平有效。

由图 8-5 可以看出,P2.7、P2.6 和 P2.5 这 3 根地址线组成的 8 种状态可选择位于不同的地址空间的芯片。各芯片对应的地址空间如表 8-6 所示。

表 8-6　芯片与地址空间对应表

芯片	存储器地址空间	芯片	存储器地址空间
IC0	0000H～1FFFH($\overline{Y0}$)	IC2	4000H～5FFFH($\overline{Y0}$)
IC1	2000H～3FFFH($\overline{Y1}$)	IC3	6000H～7FFFH($\overline{Y2}$)

在图 8-5 的系统中,既扩展了程序存储器,又扩展了数据存储器。P2 口作为高 8 位地址线,P0 口作为低 8 位地址线,同时 P0 口复用为 8 位数据线。在该系统中,74HC138 用于控制存储器的选通。程序存储器的读操作是由$\overline{PSEN}$信号控制的,而数据存储器的读和写是由$\overline{RD}$和$\overline{WR}$信号控制的,即使地址相重叠也不会造成操作上的混乱。

8.1.4　数据存储器扩展实例

数据存储器的扩展有很多芯片,在前面已经介绍,本实例主要介绍 6116 的应用,图 8-6 所示为单片机与 6116 的一种连接方案。其他数据存储器如 6264、62256 等与单片机的连接

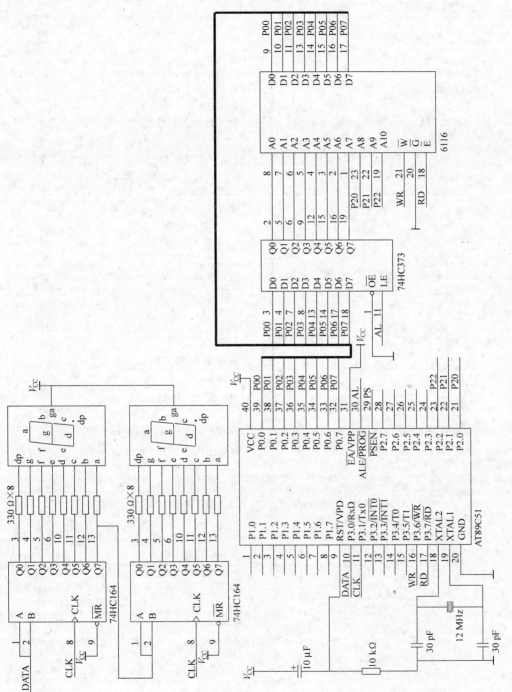

图 8-6　扩展数据储存器 6116 原理图

与 6116 类似。本实例主要实现的功能是将 00H～FFH 的数据写入外部存储器中，再读出来并通过两位数码管显示出来。数码管采用串行驱动方式。

汇编语言程序如下：

```
        ORG    0000H
        LJMP   MAIN
        ORG    0100H
MAIN:   MOV    SCON, #18H          ;选择串行工作方式 0
        MOV    PCON, #00H          ;SMOD 位为 0
        LCALL  WRITE               ;调用写数据子程序
        NOP
        NOP
LOOP1:  LCALL  READ                ;调用读并显示数据子程序
        SJMP   LOOP1               ;循环
WRITE:  MOV    DPTR, #0000H        ;使外部指针指向 0000H 单元
        MOV    R1, #00H            ;给 R1 赋初始值
  W1:   MOV    A, #00H
        ADD    A, R1
        MOVX   @DPTR, A            ;将 A 里的内容写入外部指针指向的单元
        NOP
        NOP
        INC    R1
        INC    DPTR
        CJNE   R1, #0FEH, W1       ;判断是否写入 255 个数
        RET
READ:   MOV    DPTR, #0000H        ;使外部指针指向 0000H 单元
        MOV    R0, #00H
REA:    MOVX   A, @DPTR           ;读取外部指针指向的数据
        MOV    30H, DPL           ;将外部指针存入 30H、31H 单元
        MOV    31H, DPH
        MOV    DPTR, #TAB         ;使 DPTR 指向表头
        MOV    R1, A              ;将 A 的低 4 位送显示
        ANL    A, #0FH
        MOVC   A, @A+DPTR
        MOV    SBUF, A            ;将查得的数送给串口
DA1:    JNB    TI, DA1           ;判断是否发送完
        CLR    TI                ;清 TI
        MOV    A, R1
        ANL    A, #0F0H          ;取 A 的高 4 位
        SWAP   A
        MOV    DPTR, #TAB
        MOVC   A, @A+DPTR
        MOV    A, R1
        MOV    SBUF, A           ;将查得的数送给串口
DA2:    JNB    TI, DA2           ;判断是否发送完
        CLR    TI                ;清 TI
        LCALL  DELAY             ;延时
```

```
        MOV     DPL, 30H                ;恢复外部指针值
        MOV     DPH, 31H
        INC     DPTR                    ;使外部指针指向下一个单元
        INC     R0
        CJNE    R0, #0FEH, REA          ;判断是否读完所有写入的数
        RET
TAB:    DB      0C0H                    ;0 的字模
        DB      0F9H                    ;1
        DB      0A4H                    ;2
        DB      0B0H                    ;3
        DB      99H                     ;4
        DB      92H                     ;5
        DB      82H                     ;6
        DB      0F8H                    ;7
        DB      80H                     ;8
        DB      90H                     ;9
        DB      88H                     ;A
        DB      83H                     ;B
        DB      0C6H                    ;C
        DB      0A1H                    ;D
        DB      86H                     ;E
        DB      8EH                     ;F
DELAY:  MOV     R2, #0FFH               ;延时函数
L2:     MOV     R3, #0FFH
L1:     DJNZ    R3, L1
        DJNZ    R2, L2
        RET
        END
```

8.2 开关量输入接口设计

8.2.1 键盘接口

　　在单片机应用设计系统中,按键主要有两种形式:一种是直接按键,另一种是矩阵编码键盘。直接按键的每个按键都单独接到单片机的一个 I/O 口上,直接按键方式是通过判断按键端口的电平来识别按键操作,如图 8-7 所示,当按键被按下时,与其相连的引脚为低电平。而矩阵键盘通过行列交叉按键编码进行识别,图 8-8 所示为4×4 矩阵编码键盘接口电路图。当需要的按键较多时,为了少占用单片机的 I/O 线资源,通常采用矩阵式键盘。矩阵式键盘由行线和列线组成,按键位于行和列的交叉点上,这种行列式键盘结构能有效地提高单片机系统中 I/O 口的利用率。

　　矩阵键盘键值的读取和直接按键相似,首先送一行为低电

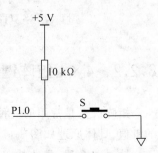

图 8-7　直接按键接口

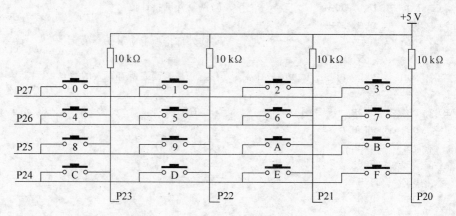

图 8-8　4×4 矩阵编码键盘接口电路

平(如 P27),其余几行全为高电平(此时已经确定行号),然后立即轮流检测一次各列是否有低电平,若检测到某一列为低电平(此时确定了列号),则可以确认当前被按下的键的行号和列号。用同样的方法轮流送各行一次低电平,再轮流检测一次各列是否变为低电平,即可检测完所有按键。

　　通常所采用的按键为轻触机械开关,正常情况下按键的接点是断开的,当按压按键时,由于机械触点的弹性作用,一个按键开关在闭合时不会马上稳定地接通,在断开时也不会一下子断开。因而机械触点在闭合及断开的瞬间均伴随有一连串的抖动,因此需要进行按键消抖。按键消抖的方法有两种:一种是硬件消抖,另一种是软件消抖。在按键较少时,可以采用硬件消抖的方式。常用的硬件消抖电路有双稳态消抖电路和滤波积分电路,如图 8-9和图 8-10 所示。当按键较多时,通常采用软件消抖,常用的软件消抖的方法就是延时,在第一次检测到有按键按下时,延时 10 ms 之后,检测电平是否仍保持闭合状态电平,如果保持闭合状态电平,则确认真正有键按下,进行相应的处理工作,从而消除了抖动的影响。

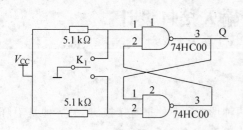

图 8-9　RS 双稳态消抖电路

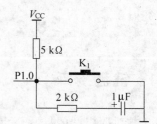

图 8-10　RS 滤波消抖电路

8.2.2　4×4 矩阵键盘扫描实例

　　矩阵键盘是常用的一种键盘模式,下面以 4×4 键盘为例,采用一个数码管显示所按下的键值,具体原理如图 8-11 所示。

　　针对图 8-11,具体的实现程序如下:

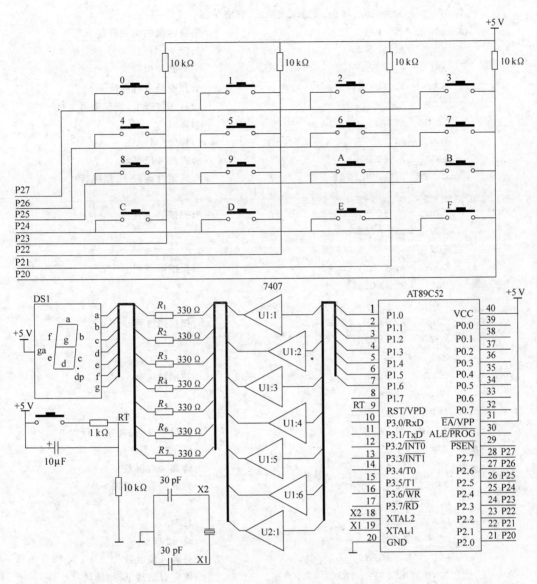

图 8-11　矩阵键盘电路图

```
        ORG    0000H
        LJMP   MAIN
        ORG    0100H
MAIN:   LCALL  KEYSCAN          ;键盘扫描
        MOV    A, R1            ;键值存入 A 中
        MOV    DPTR, #TABLE1    ;查表
        MOVC   A, @A+DPTR
        MOV    P1, A            ;显示键值
        LJMP   MAIN
TABLE1: DB     0C0H, 0F9H, 0A4H, 0B0H     ;0~F 的字模
        DB     99H, 92H, 82H, 0F8H, 80H
```

```
            DB      90H, 88H, 83H, 0C6H, 0A1H, 86H, 8EH
KEYSCAN: MOV     P2, #7FH                        ;将键盘的第一行置 0
         MOV     A, P2                           ;读 P2 口值
         ANL     A, #0FH                         ;将高 4 位屏蔽
         CJNE    A, #0FH, YK                     ;判断是否有键按下
         LJMP    LP1                             ;若无键按下,则扫描第 2 行
YK:      LCALL   DELAY                           ;延时
         MOV     A, P2                           ;读 P2 口
         ANL     A, #0FH                         ;将高 4 位屏蔽
         CJNE    A, #0FH, YK1                    ;确定有键按下,则跳转
         LJMP    LP1
YK1:     CJNE    A, #07H, LOOP1                  ;扫描第 1 列
         MOV     R1, #00H
         RET
LOOP1:   CJNE    A, #0BH, LOOP2                  ;扫描第 2 列
         MOV     R1, #01H
         RET
LOOP2:   CJNE    A, #0DH, LOOP3                  ;扫描第 3 列
         MOV     R1, #02H
         RET
LOOP3:   CJNE    A, #0EH, LP1                    ;扫描第 4 列
         MOV     R1, #03H
         RET
LP1:     MOV     P2, #0BFH                       ;扫描第 2 行,将第 2 行置 0
         MOV     A, P2                           ;读 P2 口值
         ANL     A, #0FH                         ;将高 4 位屏蔽
         CJNE    A, #0FH, YK2                    ;判断是否有键按下
         LJMP    LP2
YK2:     LCALL   DELAY                           ;延时
         MOV     A, P2                           ;读 P2 口值
         ANL     A, #0FH                         ;将高 4 位屏蔽
         CJNE    A, #0FH, YK3                    ;确定有键按下,则跳转
         LJMP    LP2
YK3:     CJNE    A, #07H, LOOP4                  ;扫描第 1 列
         MOV     R1, #04H
         RET
LOOP4:   CJNE    A, #0BH, LOOP5                  ;扫描第 2 列
         MOV     R1, #05H
         RET
LOOP5:   CJNE    A, #0DH, LOOP6                  ;扫描第 3 列
         MOV     R1, #06H
         RET
LOOP6:   CJNE    A, #0EH, LP2                    ;扫描第 4 列
         MOV     R1, #07H
         RET
```

```
LP2:      MOV    P2, #0DFH                    ;扫描第 3 行,将第 3 行置 0
          MOV    A, P2                        ;读 P2 口值
          ANL    A, #0FH                      ;将高 4 位屏蔽
          CJNE   A, #0FH, YK4                 ;判断是否有键按下
          LJMP   LP3
YK4:      LCALL  DELAY                        ;延时
          MOV    A, P2                        ;读 P2 口值
          ANL    A, #0FH                      ;将高 4 位屏蔽
          CJNE   A, #0FH, YK5                 ;确定有键按下,则跳转
          LJMP   LP3
YK5:      CJNE   A, #07H, LOOP7               ;扫描第 1 列
          MOV    R1, #08H
          RET
LOOP7:    CJNE   A, #0BH, LOOP8               ;扫描第 2 列
          MOV    R1, #09H
          RET
LOOP8:    CJNE   A, #0DH, LOOP9               ;扫描第 3 列
          MOV    R1, #0AH
          RET
LOOP9:    CJNE   A, #0EH, LP3                 ;扫描第 4 列
          MOV    R1, #0BH
          RET
LP3:      MOV    P2, #0EFH                    ;扫描第 4 行,将第 4 行置 0
          MOV    A, P2                        ;读 P2 口值
          ANL    A, #0FH                      ;将高 4 位屏蔽
          CJNE   A, #0FH, YK6                 ;判断是否有键按下
          LJMP   KEYSCAN
YK6:      LCALL  DELAY                        ;延时
          MOV    A, P2                        ;读 P2 口值
          ANL    A, #0FH                      ;将高 4 位屏蔽
          CJNE   A, #0FH, YK7                 ;确定有键按下,则跳转
          LJMP   KEYSCAN
YK7:      CJNE   A, #07H, LOOP10              ;扫描第 1 列
          MOV    R1, #0CH
          RET
LOOP10:   CJNE   A, #0BH, LOOP11              ;扫描第 2 列
          MOV    R1, #0DH
          RET
LOOP11:   CJNE   A, #0DH, LOOP12              ;扫描第 3 列
          MOV    R1, #0EH
          RET
LOOP12:   CJNE   A, #0EH, K1                  ;扫描第 4 列
          MOV    R1, #0FH
          RET
K1:       LJMP   KEYSCAN
```

```
DELAY:  MOV    R6, #10        ;延时时间 t=2+10×(2+2)+10×248×2= 5002μs=5.002 ms
D1:     MOV    R7, #248
D2:     DJNZ   R7, D2
        DJNZ   R6, D1
        RET
        END
```

8.2.3 继电器输入接口

继电器是一种电子控制器件,通常应用于自动控制电路中。它实际上是用较小的电流去控制较大电流的一种自动开关。故在电路中起着自动调节、安全保护、转换电路等作用。

继电器输入与单片机的接口电路如图 8-12 所示。当触点闭合时,光电耦合器接通,单片机 P1.0 脚收到高电平信号,触点断开时 P1.0 读入为低电平。R 为限流电阻,取值依据电源 V 而定,要考虑到光电耦合器中发光二极管因素;电容 C 起滤波稳压作用,当电源 V_{CC} 为 5 V 时电阻 R_1 可以取 10 kΩ。

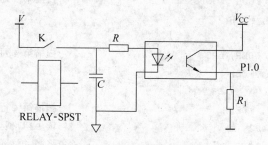

图 8-12 继电器输入接口

8.2.4 行程开关输入接口

行程开关又称限位开关,用于控制机械设备的行程及限位保护,如图 8-13 所示。在实际生产中,将行程开关安装在预先安排的位置,当装于生产机械运动部件上的模块撞击行程开关时,行程开关的触点动作,实现电路的切换。行程开关按其结构可分为直动式、滚轮式、微动式和组合式几种,下面以最简单的直动式行程开关为例,介绍其与单片机的接口电路。

行程开关与单片机的接口电路和普通按键与单片机的接口类似,如图 8-14 所示。图中,R 可以取 10 kΩ;当行程开关闭合时,单片机读取 P1.0 电平为低电平,否则为高电平。

图 8-13 行程开关原理图

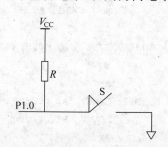

图 8-14 行程开关接口图

8.2.5　光电编码器输入接口

光电编码器是一种通过光电转换将输出轴上的机械几何位移量转换成脉冲或数字量的传感器,由光栅盘和光电检测装置组成。光电编码器经常用来检测电动机的转速或转角。由于光电码盘与电动机同轴,电动机旋转时,光栅盘与电动机同速旋转,经发光二极管等电子元件组成的检测装置检测输出的脉冲信号,实现测量电机转速或者角度的功能。

下面以光洋公司的旋转编码器 TRD-2E360A(见图 8-15)为例,介绍其与单片机的接口电路。

TRD-2E360A 共有 2 条电源线,3 条输出信号线,1 条屏蔽线,其接线方式为:

(1) 酱色(BRN): DC 5~12 V;

(2) 蓝色(BLU): 0 V;黑色(BLK): OUT A;

(3) 白色(WHT): OUT B;

(4) 橘黄色(ORN): Z。

TRD-2E360A 和单片机的接口电路如图 8-16 所示。

图 8-15　TRD-2E360A 实物图

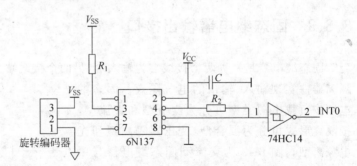

图 8-16　TRD-2E360A 与单片机接口电路

图 8-16 中,6N137 为光电耦合器,其作用为隔离外部电路和单片机电路,防止干扰;V_{SS} 和 V_{CC} 为不同电源,主要是为了防止外部干扰窜入单片机电路;74HC14 为 6 非门施密特触发器,对光电耦合器输出信号进行整形成为标准的 TTL 电平信号。

8.3　开关量输出接口设计

8.3.1　蜂鸣器输出接口

在单片机应用系统中,经常会使用蜂鸣器作为指示元件。图 8-17 是使用三极管驱动蜂鸣器的电路,当 P1.0 输出为高电平时,三极管截止,蜂鸣器不工作;P1.0 输出为低电平时,三极管导通,蜂鸣器工作,开始鸣响。基极电阻 R 可以取 2 kΩ。

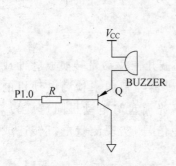

图 8-17　蜂鸣器接口电路

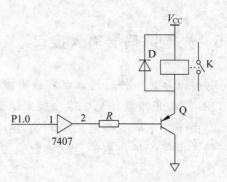

图 8-18　继电器接口电路

8.3.2　继电器输出接口

图 8-18 是采用三极管驱动继电器的电路,7407 起到驱动缓冲作用,二极管起到保护作用,R 为基极限流电阻,一般取 2 kΩ。当 P1.0 输出为高电平时,三极管截止,继电器触点断开;P1.0 输出为低电平时,三极管导通,继电器触点闭合。在实际应用中,还可以采用 ULN2003 等达林顿阵列芯片来驱动继电器。

8.3.3　固态继电器输出接口

固态继电器是一种两个接线端为输入端、另两个接线端为输出端的四端器件,中间采用隔离器件实现输入、输出的电气隔离。固态继电器按负载电源类型可分为交流型和直流型,按隔离形式可分为混合型、变压器隔离型和光电隔离型。图 8-19 为交流型固态继电器与单片机的接口。

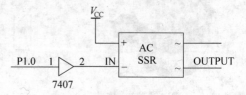

图 8-19　固态继电器接口电路

当 P1.0 输出为低电平时,固态继电器导通,负载工作;当 P1.0 为高电平时,固态继电器截止,负载停止工作。

8.3.4　LCD 接口

液晶显示器 LCD(liquid crystal display)与 LED 显示器相比较,有体积小、低压微功耗、显示信息大和无电磁辐射等优点,其应用范围越来越广。

常用的 LCD 有段式液晶显示模块、点阵字符液晶模块和点阵图形液晶模块 3 种。下面以较为简单的段式液晶显示模块和点阵字符液晶模块为例介绍其与单片机的接口电路设计。

1. 段式液晶显示模块接口电路设计

EDM1190-02(旧型号为 EDM1190B)是大连东显电子有限公司生产的一种经济实用的四位串行段式液晶显示模块,它使用的驱动控制芯片为凌阳科技生产的 SPLC100A2。EDM1190-02 的引脚功能如表 8-7 所示。

表 8-7　EDM1190-02 引脚说明

引脚号	引脚符号	引脚名称	功　能	引脚号	引脚符号	引脚名称	功　能
1	VDD	电源	典型+5 V	3	VSS	地	0 V
2	DIN	数据端	串行数据输入端	4	CLK	时钟信号	下降沿触发

其与单片机的接口电路如图 8-20 所示。此电路比较简单,只需要 2 个 I/O 接口,P1.0 接 EDM1190 的引脚 2(DIN),P1.1 接 EDM1190 的引脚 4(CLK),预显示数字的二进制段码由 P1.0 口一位一位地输出,只要在 P1.1 口产生方波信号就可以控制在 LCD 上显示数字。

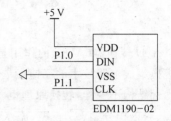

图 8-20　EDM1190-02 与单片机接口电路

详细的芯片资料,可参考该芯片的技术文档,这里不再介绍。

2. 点阵字符液晶显示模块设计

字符型液晶显示模块是一类专门用于显示字母、数字、符号等的点阵液晶显示模块。这种模块的点阵排列是由 5×7、5×8 或 5×11 的一组组像素点阵排列组成的。每组一位,每位之间有一点间隔,每行间也有一行间隔,所以不能显示图形,目前常用的有 16 字×1 行、16 字×2 行、20 字×2 行和 40 字×2 行等字符模组。下面以 LCM1602A 字符型液晶显示模块为例,简单介绍字符型液晶显示模块的接口电路设计。

LCM1602A 是北京青云创新科技发展有限公司生产的字符型液晶显示模块,主要技术参数:电源电压:+5 V,视角:6 点,显示容量:16 字×2 行,数据传输方式:并行 8 位或 4 位(高 4 位有效),字符形式:5×7 点阵,工作温度:0～55℃,存储温度:−20～+70℃。LCM1602A 的引脚功能如表 8-8 所示。

LCM1602A 与 AT89S51 单片机接口电路十分简单,如图 8-21 所示。

表 8-8　LCM1602A 引脚说明

引脚号	引脚符号	引脚名称	功　能
1	VSS	地	0 V
2	VDD	电源	典型值+5 V(4.5 V～5.5 V)
3	VO	液晶驱动电压	0～5 V
4	RS	寄存器选择	H:数据寄存器,L:指令寄存器
5	R/W	读写控制	H:读,L:写
6	E	使能	下降沿触发
7～14	DB0～DB7	8 位数据线	数据传输
15	A	备光源正极	+5 V
16	K	备光源负极	0 V

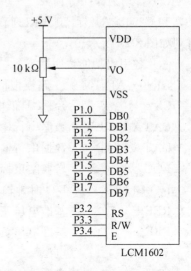

图 8-21　LCM1602A 接口电路

图 8-21 中,P1 接口与 DB0~DB7 相连,用 P3 接口的部分口线作控制用,P3.2 接 RS,P3.3 接 R/W,P3.4 接 E。VDD 和+5 V 相连,VSS 接地,VO 接可调电阻的可调端即可。

关于 LCM1602A 模块内部相关寄存器请读者参考技术文档,这里不再详细介绍。

8.4　常用 A/D 转换接口设计

A/D 转换器(ADC)的作用是把模拟量转换成数字量,以便于计算机进行处理。随着超大规模集成电路技术的飞速发展,现在有很多类型的 A/D 转换器芯片。不同的芯片,它们的内部结构不一样,转换原理也不同。根据转换原理的不同,A/D 转换芯片可分为逐次逼近型、双重积分型、∑-△型、流水线型和闪速型等;按转换方法,可分为直接 A/D 转换器和间接 A/D 转换器;按其分辨率,可分为 8~24 位的 A/D 转换器芯片。A/D 转换器的主要技术指标有:转换时间和转换频率、分辨率与量化误差、转换精度等。

8.4.1　TLC2543 与单片机接口实例

1. TLC2543 芯片介绍

TLC2543 是 TI 公司生产的有 11 个输入端的 12 位串行模数转换器,使用开关电容逐次逼近技术完成 A/D 转换过程。具有转换快、稳定性好、接口简单、价格低等优点。TLC2543 具有以下特点:

(1) 12 位分辨率;

(2) 11 个模拟输入通道;

(3) 最大线性误差 1 LSB;

(4) 10 μs 转换时间;

(5) 自动采样保持。

TLC2543 芯片是 20 脚双列直插封装形式,其引脚排列如图 8-22 所示。

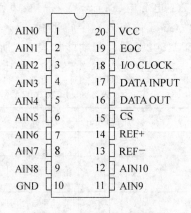

图 8-22　TLC2543 引脚图

芯片各引脚功能说明如下:

引脚	功能
AIN0~AIN10	11 路模拟信号输入端
$\overline{CS}$	片选端,低电平有效
DATA INPUT	数据串行输入端
DATA OUT	数据串行输出端
EOC	转换结束标志端
I/O CLOCK	I/O 时钟输入端
REF+	基准电压正端
REF-	基准电压负端
VCC	电源
GND	电源地

2. TLC2543 的使用方法

（1）控制字的格式

TLC2543 的控制字是从 DATA INPUT 端串行输入的 8 位数据，它规定了 TLC2543 要转换的模拟量通道、转换后的输出数据长度以及输出数据的格式。其中高 4 位（D7～D4）表示通道号。对于 0～10 通道，该 4 位为 0000～1010H；当为 1011～1101 时，用于对 TLC2543 的自检，分别测试 $[(Vref+)+(Vref-)]/2$、$Vref+$、$Vref-$ 的值；当为 1110 时，TLC2543 进入休眠状态。低 4 位决定输出数据长度及格式，其中 D3、D2 决定输出数据长度，01 表示输出数据长度为 8 位，11 表示输出数据长度为 16 位，其他为 12 位。D1 决定输出数据是高位先送出还是低位先送出，为 0 表示高位先送出。D0 决定输出数据是单极性（二进制）还是双极性（2 的补码），若为单极性，该位为 0，反之为 1。

（2）转换过程

上电后，片选 $\overline{CS}$ 必须从高到低，才能开始一次工作周期，此时 EOC 为高，输入数据寄存器被置 0，输出数据寄存器的内容是随机的。

开始时，片选 $\overline{CS}$ 为高，I/O CLOCK、DATA INPUT 被禁止，DATA OUT 呈高阻状态，EOC 为高。使 $\overline{CS}$ 变低，I/O CLOCK、DATA INPUT 使能，DATA OUT 脱离高阻状态。12 个时钟信号从 I/O CLOCK 端依次加入，控制字从 DATA INPUT 一位一位地在时钟信号的上升沿时被送入 TLC2543（高位先送入），同时上一周期转换的 A/D 数据，即输出数据寄存器中的数据从 DATA OUT 一位一位地移出。TLC2543 收到第 4 个时钟信号后，通道号也已收到，此时 TLC2543 开始对选定通道的模拟量进行采样，并保持到第 12 个时钟的下降沿。在第 12 个时钟下降沿，EOC 变低，开始对本次采样的模拟量进行 A/D 转换，转换时间约需 10 μs，转换完成后 EOC 变高，转换的数据在输出数据寄存器中，待下一个工作周期输出。此后，可以进行新的工作周期。

对 TLC2543 的操作，关键是理清接口时序图和寄存器的使用方式。图 8-23 是 TLC2543 的接口时序图。从图中可看出，在片选信号 $\overline{CS}$ 有效的情况下，首先要根据 A/D 转

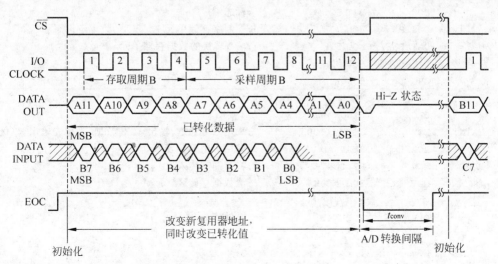

图 8-23　TLC2543 的工作时序图

换的功能需要配置要输入的数据。需要注意的是,在读数据的同时,TLC2543 将上一次转换的数据从数据输出口伴随输入时钟输出。为了提高 A/D 采样的速率,可以采用在设置本次采样的同时,将上次 A/D 采样的值读出的办法。

3. TLC2543 与单片机的接口和程序

AT89S52 单片机没有 SPI 接口,为了与 TLC2543 连接,可以用软件功能来实现 SPI 接口,其硬件接口原理如图 8-24 所示。片选端$\overline{\text{CS}}$与单片机 P2.0 脚相连,P2.1 脚和 P2.2 脚分别接收和输出串行数据,P2.3 脚输出时钟信号,EOC 标志端与 P2.4 脚连接。

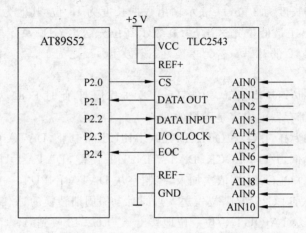

图 8-24　TLC2543 与 AT89S52 单片机的接口原理图

其接口程序如下:

```
        CS        BIT P2.0              ;片选接口
        DOUT      BIT P2.1              ;数据输出
        DIN       BIT P2.2              ;数据输入
        SCLK      BIT P2.3              ;时钟接口
        EOC       BIT P2.4              ;标志端
        CONTR     EQU 30H               ;控制字存储单元
        DATABUF1  EQU 31H               ;A/D 转换的数据存储单元
        DATABUF2  EQU 32H
        ORG       0000H
        LJMP      MAIN
        ORG       0100H
MAIN:   MOV       CONTR,#00H            ;采用 0 号通道,输出 12 位数据,高位先输出,单极性
        LCALL     READ_AD               ;调用 A/D 转换函数
READ_AD: MOV      R1,CONTR              ;将控制字传入 R1
        MOV       30H,#00H              ;清数据存储区
        MOV       31H,#00H
        CLR       SCLK                  ;时钟清 0
        NOP
        NOP
        CLR       CS                    ;将片选端拉低
        NOP
```

```
            NOP
            MOV       R4,#0CH          ;给 R4 赋初值 12
            MOV       A,R1             ;将控制字传给累加器 A
LOOP1:      CLR       C                ;清进位标志位
            RLC       A
            MOV       DIN,C            ;将控制字输入数据输入端
            SETB      SCLK .           ;给时钟下降沿
            NOP
            NOP
            CLR       SCLK
            NOP
            NOP
            DJNZ      R4,LOOP1         ;判断是否将 12 位的控制字全传送完
            SETB      CS               ;使片选从高到低,开始工作
            NOP
            NOP
            NOP
            CLR       CS
            NOP
            NOP
            MOV       R4,#04H          ;先读取高 4 位
            MOV       A,#00H
LOOP2:      MOV       C,DOUT
            RLC       A
            SETB      SCLK
            NOP
            NOP
            CLR       SCLK
            NOP
            NOP
            DJNZ      R4,LOOP2
            MOV       DATABUF1,A       ;将高 4 位存在 DATABUF1 单元
            MOV       R4,#08H          ;再读取低 8 位数据
            MOV       A,#00H
LOOP3:      MOV       C,DOUT
            RLC       A
            SETB      SCLK
            NOP
            NOP
            CLR       SCLK
            NOP
            NOP
            DJNZ      R4,LOOP3
            MOV       DATABUF2,A       ;将低 8 位数据存在 DATABUF2 单元
            SETB      CS
            RET
            END
```

8.4.2　ADC0832 与单片机接口实例

1. ADC0832 芯片介绍

ADC0832 是美国国家半导体公司生产的一种 8 位分辨率、双通道 A/D 转换芯片。它具有体积小、转换速度快、稳定性能强、性价比高的优点,深受用户欢迎。ADC0832 具有以下特点:

(1) 8 位分辨率;

(2) 双通道 A/D 转换;

(3) 5 V 单电源供电时输入电压范围为 0～5 V;

(4) 功耗仅为 15 mW;

(5) 输入输出电平与 TTL/CMOS 相兼容;

(6) 转换时间为 32 μs;

(7) 采用双重数据输出。

ADC0832 芯片为 8 脚双列直插封装或 14 脚贴片封装。图 8-25 为 8 脚双列直插封装引脚排列图。

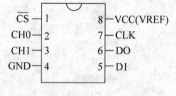

图 8-25　ADC0832 引脚图

芯片各引脚功能说明如下:

$\overline{\text{CS}}$	片选端,低电平有效
CH0	模拟输入通道 0
CH1	模拟输入通道 1
GND	电源地
DI	数据信号输入端
DO	数据信号输出端
CLK	串行时钟输入端
VCC(VREF)	电源、参考电压复用端

2. ADC0832 的工作原理

正常情况下 ADC0832 与单片机的接口应为 4 条数据线,分别是 $\overline{\text{CS}}$、CLK、DO 和 DI。但由于 DO 端与 DI 端在通信时并未同时有效,并与单片机的接口是双向的,所以在进行电路设计时可以将 DO 和 DI 连在一根数据线上使用。

ADC0832 工作时,模拟通道的选择及单端输入和差分输入的选择,都取决于输入时序中的配置位。当差分输入时,要分配输入通道的极性,两个输入通道的任何一个通道都可作为正极或负极。ADC0832 的配置位逻辑及对应的通道状态如表 8-9 所示。

表 8-9　ADC0832 的配置位

MUX 地址		通　道		MUX 地址		通　道	
SGL/$\overline{\text{DIF}}$	ODD/SIGN	0	1	SGL/$\overline{\text{DIF}}$	ODD/SIGN	0	1
0	0	+	−	1	0	+	
0	1	−	+	1	1		+

　　ADC0832 的工作时序如图 8-26 所示。未工作时其 $\overline{CS}$ 端应置为高电平,此时禁用芯片,CLK 和 DO、DI 的电平可以任意。当要进行 A/D 转换时,须先将 $\overline{CS}$ 使能端置于低电平并且保持低电平直到转换完全结束。同时,向芯片时钟输入端 CLK 输入时钟脉冲,在时钟脉冲的上升沿,数据由 DI 端移入 ADC0832 内部的多路地址移位寄存器。在第 1 个时钟脉冲的下降沿之前 DI 端必须是高电平,表示启始信号。在第 2、3 个脉冲时,DI 端应输入 2 位配置位数据用于选择通道功能。

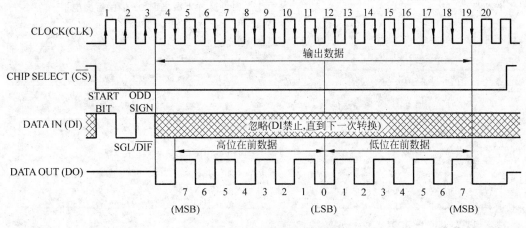

图 8-26　ADC0832 工作时序

　　接着,ADC0832 从第 4 个脉冲下降沿开始由 DO 端输出转换数据最高位,随后每一个脉冲下降沿 DO 端输出下一位数据。一直到第 11 个脉冲时输出最低位数据,一个字节的数据输出完成。之后,又以此最低位开始重新输出一遍数据,即先输出 8 位高位在前的数据,后输出 8 位低位在前的数据,两次发送数据的最低位是共用的。

　　此时,一次 A/D 转换结束,将 $\overline{CS}$ 置高电平禁用芯片,接着将转换后的数据进行处理就可以了。如果要再进行一次 A/D 转换,片选端 $\overline{CS}$ 必须再次由高变低,接着输入启动位和配置位。

　　在 $\overline{CS}$ 端变低后的前 3 个时钟周期内,DO 端仍然保持高阻状态。转换开始后,DI 线禁止,直到下一次转换开始。因此,DO 和 DI 端可以连在一起复用。

3. ADC0832 与单片机的接口和程序

　　AT89S52 单片机为了与 ADC0832 连接,采用软件来模拟 SPI 接口,其接口电路如图 8-27 所示。ADC0832 的 $\overline{CS}$ 端与单片机的 P2.0 脚相连,CLK 与 P2.1 相连,DI 与 P2.2 相连,DO 与 P2.3 相连。

　　其汇编语言程序如下:

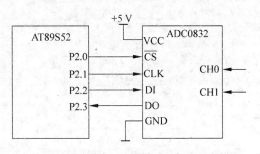

图 8-27　ADC0832 与 AT89S52 的 SPI 串行口

```
ADCS    BIT   P2.0    ;片选接口
ADCLK   BIT   P2.1    ;时钟接口
ADDI    BIT   P2.2    ;数据输入
ADDO    BIT   P2.3    ;数据输出
ORG     0000H
```

```
            LJMP    MAIN
            ORG     0100H
MAIN:       MOV     R2,#00H          ;数据存储寄存器清 0
            MOV     R1,#02H          ;将 CH0 作为 IN-,CH1 作为 IN+
            ACALL   ADINIT           ;调用初始化函数
            ACALL   ADREAD           ;调用读取数据函数
            LJMP    TEXT7            ;退出
ADINIT:     SETB    ADDI             ;第 1 个时钟脉冲下沉之前 DI 端保持高电平
            NOP
            CLR     ADCS             ;使能 ADC0832
            NOP
            SETB    ADCLK
            NOP
            CLR     ADCLK            ;下降沿 1
            NOP
            MOV     A,R1             ;输入配置位 SGL/DIF
            JNB     ACC.0,TEXT1
            SETB    ADDI
            SJMP    TEXT2
TEXT1:      CLR     ADDI
TEXT2:      NOP
            SETB    ADCLK
            NOP
            CLR     ADCLK            ;下降沿 2
            NOP
            MOV     A,R1             ;输入配置位 ODD/SIGN
            JNB     ACC.1,TEXT3
            SETB    ADDI
            SJMP    TEXT4
TEXT3:      CLR     ADDI
TEXT4:      NOP
            SETB    ADCLK
            NOP
            CLR     ADCLK            ;下降沿 2
            NOP
            RET

ADREAD:     CLR     C
            MOV     R0,#08H          ;读 8 位数据
LOOP:       SETB    ADCLK
            NOP
            CLR     ADCLK
            NOP
            JB      ADDO,TEXT5
            CLR     C
```

```
          SJMP    TEXT6
TEXT5:    SETB    C
TEXT6:    RLC     A
          DJNZ    R0,LOOP
          MOV     R2,A              ;最后数据存放在 R2 里
          RET
TEXT7:    END
```

8.4.3　A/D 转换器应用实例

已知有一标准电压信号，幅值范围为 0～5 V。现采用单片机控制 A/D 转换器 TLC2543 实现电压值的测量，并使用段式液晶进行显示，具体电路图如图 8-28 所示。

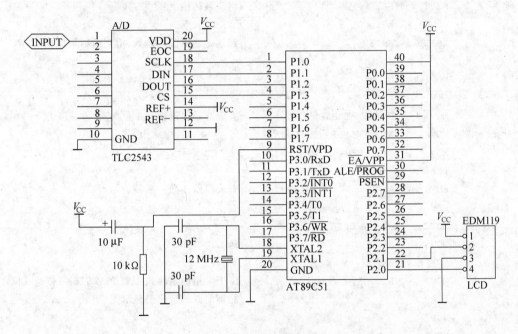

图 8-28　电压测量电路图

0～5 V 电压由 A/D 转换器 TLC2543 的 0 号通道输入，经转化，通过段式 LCD 显示出电压值的大小。具体汇编程序如下：

```
SCLK      EQU     P1.0
DIN       EQU     P1.1
DOUT      EQU     P1.2
CS        EQU     P1.3
LCD_DI    EQU     P2.0
LCD_CLK   EQU     P2.1
          ORG     0000H
          LJMP    MAIN
          ORG     0100H
```

```
    MAIN:   LCALL   SCREEN              ;清屏
            LCALL   READ_AD             ;调用 A/D 读取数据函数
            MOV     R4, 30H             ;将 A/D 读取的数值的高 4 位值传给 R4
            MOV     R5, 31H             ;将 A/D 读取的数值的低 8 位值传给 R5
            MOV     R6, #00H            ;给乘数赋值 0032H
            MOV     R7, #32H

            LCALL   KQMUL               ;调用双字节乘法函数,计算 A/D转化值×5 ×10 V,
                                                              2¹²
                                         因为要显示小数点后一位,所以要乘 10
            MOV     A, R6               ;将乘法计算结果的高 8 位传给 R4
            MOV     R4, A
            MOV     A, R7               ;低 8 位传给 R5
            MOV     R5, A
            MOV     R6, #0FH            ;将除数传给 R6、R7
            MOV     R7, #0FFH
            LCALL   KNDIV               ;调用多字节除法函数,得到的结果存在 R5 中
            MOV     A, R5
            MOV     B, #10
            DIV     AB
            MOV     DPTR, #TABLE        ;查表显示电压值的个位
            MOVC    A, @A+DPTR
            MOV     R1, #08H            ;送 LCD 显示
            LCALL   SEND8
            MOV     A, B                ;查表显示小数点后一位
            MOV     DPTR, #TABLE1
            MOVC    A, @A+DPTR
            MOV     R1, #08H            ;送 LCD 显示
            LCALL   SEND8
            MOV     LCD_DI, C           ;由于采用的是段式 LCD,所以需要再传送一位才
                                        ;能将前面的数完全显示
            NOP
            NOP
            SETB    LCD_CLK
            NOP
            NOP
            CLR     LCD_CLK
            NOP
            NOP
            LCALL   DELAY               ;调用延时函数
            LJMP    MAIN                ;循环
    TABLE:  DB      10H,0DCH,82H,87H,4CH,28H,20H,9CH,00H,08H   ;带小数点的 0~9 字模
    TABLE1: DB      11H,0DDH,83H,88H,4DH,29H,21H,9DH,01H,09H   ;不带小数点的 0~9 字模
    DELAY:  MOV     R1, #255                                   ;延时函数
    L3:     MOV     R2, #10
    L2:     MOV     R0, #255
```

```
L1:      DJNZ     R0, L1
         DJNZ     R2, L2
         DJNZ     R1, L3
         RET
SCREEN:  MOV      A, #0FFH                 ;清屏函数
         MOV      R1, #08H
         LCALL    SEND8
         LCALL    SEND8
         LCALL    SEND8
         LCALL    SEND8
         LCALL    SEND8
         RET
SEND8:   SETB     C                        ;向 LCD 传送一个字节函数
LOOP:    RLC      A
         MOV      LCD_DI, C
         NOP
         NOP
         SETB     LCD_CLK
         NOP
         NOP
         CLR      LCD_CLK
         NOP
         NOP
         DJNZ     R1, LOOP
         RET
READ_AD:                                   ;A/D 转换程序
         MOV      R1, #00H    ;将控制字传入 R1,采用 0 号通道,输出 12 位数据,高位先输出,单极性
         MOV      30H, #00H                ;清数据存储区
         MOV      31H, #00H
         CLR      SCLK                     ;时钟清 0
         NOP
         NOP
         CLR      CS                       ;将片选端拉低
         NOP
         NOP
         MOV      R4, #0CH                 ;给 R4 赋初值 12
         MOV      A, R1                    ;将控制字传给累加器 A
LOOP1:   CLR      C                        ;清进位标志位
         RLC      A
         MOV      DIN, C                   ;将控制字输入数据输入端
         SETB     SCLK                     ;给时钟下降沿
         NOP
         NOP
         CLR      SCLK
         NOP
```

```
              NOP
              DJNZ      R4, LOOP1              ;判断是否将 12 位的控制字全传送完
              SETB      CS                     ;使片选从高到低,开始工作
              NOP
              NOP
              NOP
              CLR       CS
              NOP
              NOP
              MOV       R4, #04H               ;先读取高 4 位
              MOV       A, #00H
    LOOP2:    MOV       C, DOUT
              RLC       A
              SETB      SCLK
              NOP
              NOP
              CLR       SCLK
              NOP
              NOP
              DJNZ      R4, LOOP2
              MOV       30H, A                 ;将高 4 位存在 30H 单元
              MOV       R4, #08H               ;再读取低 8 位数据
              MOV       A, #00H
    LOOP3:    MOV       C, DOUT
              RLC       A
              SETB      SCLK
              NOP
              NOP
              CLR       SCLK
              NOP
              NOP
              DJNZ      R4, LOOP3
              MOV       31H, A                 ;将低 8 位数据存在 31H 单元
              SETB      CS
              RET
    KNDIV:    CLR       C
              ;多字节除法函数,此函数可以从其他书籍中直接查得,R0R1R4R5/(R6R7)=R4R5
    NDIV:     MOV       A, R1
              CLR       A
              SUBB      A, R7
              MOV       A, R0
              SUBB      A, R6
              JNC       NDVE1
              MOV       B, #10H
    NDVL1:    CLR       C
```

```
            MOV     A, R5
            RLC     A
            MOV     R5, A
            MOV     A, R4
            RLC     A
            MOV     R4, A
            MOV     A, R1
            RLC     A
            MOV     R1, A
            XCH     A, R0
            RLC     A
            XCH     A, R0
            MOV     F0, C
            CLR     C
            SUBB    A, R7
            MOV     32H, A
            MOV     A, R0
            SUBB    A, R6
            JB      F0, NDVM1
            JC      NDVD1
NDVM1:      MOV     R0, A
            MOV     A, 32H
            MOV     R1, A
            INC     R5
NDVD1:      DJNZ    B, NDVL1
            CLR     F0
            RET
NDVE1:      SETB    F0
            RET
KQMUL:      MOV     A, R5
```
;多字节乘法函数,此函数可以从其他书籍中查得,R4R5×R6R7=R0R1R6R7
```
            MOV     B, R7
            MUL     AB
            XCH     A, R7
            MOV     R1, B
            MOV     B, R4
            MUL     AB
            ADD     A, R1
            MOV     R0, A
            CLR     A
            ADDC    A, B
            MOV     R1, A
            MOV     A, R6
            MOV     B, R5
            MUL     AB
```

```
ADD      A, R0
XCH      A, R6
XCH      A, B
ADDC     A, R1
MOV      R1, A
MOV      F0, C
MOV      A, R4
MUL      AB
ADD      A, R1
MOV      R1, A
CLR      A
MOV      ACC.0, C
MOV      C, F0
ADDC     A, B
MOV      R0, A
RET
END
```

8.5　常用 D/A 转换接口设计

D/A 转换器（DAC）的品种繁多、性能各异。按输入数字量的位数分类，可分为 8 位、10 位、12 位和 16 位 D/A 转换器等；按输入的数码分类，分为二进制方式和 BCD 码方式；按传送数字量的方式分类，分为并行方式和串行方式；按输出形式分类，分为电流输出型和电压输出型，电压输出型又有单极性和双极性；按与单片机的接口分类，分为带输入锁存的和不带输入锁存的。D/A 转换器的主要技术指标有：D/A 建立时间、D/A 转换精度、分辨率等。

8.5.1　TLC5618 与单片机接口实例

1. TLC5618 芯片介绍

TLC5618 是美国 Texas Instruments 公司生产的带有缓冲基准输入的可编程双路 12 位数模转换器。DAC 输出电压范围为基准电压的两倍，且其输出是单调变化的。该器件使用简单，包含上电复位功能以确保可重复启动。数字输入端带有施密特触发器，因而具有高的噪声抑制能力。TLC5618 具有以下特点：

（1）可编程建立时间；

（2）两个 12 位的电压输出；

（3）单电源工作；

（4）3 线串行口；

（5）高阻抗基准输入；

（6）电压输出范围为基准电压的两倍；

（7）软件断电方式；

（8）内部上电复位；

（9）低功耗，慢速方式为 3 mW，快速方式为 8 mW；

（10）输出在工作温度范围内单调变化。

TLC5618 的引脚排列如图 8-29 所示。

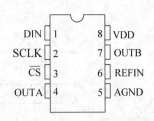

图 8-29　TLC5618 的引脚图

芯片各引脚功能说明如下：

DIN　　　串行数据输入端

SCLK　　串行时钟输入端

$\overline{\text{CS}}$　　　　片选端，低电平有效

OUTA　　DAC A 模拟输出端

OUTB　　DAC B 模拟输出端

REFIN　　基准电压输入端

AGND　　电源地

VDD　　　电源

2. TLC5618 的使用方法

TLC5618 使用由运放缓冲的电阻串网络把 12 位数字数据转换为模拟电压电平，其输出极性与基准电压输入相同。

上电时内部电路把 DAC 寄存器复位至 0。输出缓冲器具有可达电源电压幅度的输出，它带有短路保护，并能驱动具有 100 pF 负载电容器的 2 kΩ 负载。基准电压输入经过缓冲，它使 DAC 输入电阻与代码无关。TLC5618 的最大串行时钟速率为 20 MHz。

当片选 $\overline{\text{CS}}$ 为低电平时，输入数据由时钟定时，以最高有效位在前的方式读入 16 位移位寄存器，其中前 4 位为编程位，后 12 位为数据位。SCLK 的下降沿把数据移入输入寄存器，然后 $\overline{\text{CS}}$ 的上升沿把数据送到 DAC 寄存器。所有 $\overline{\text{CS}}$ 的跳变应当发生在 SCLK 输入为低电平时。可编程位 D15～D12 的功能见表 8-10。

表 8-10　可编程位 D15～D12 的功能

D15	D14	D13	D12	功　　能
1	X	X	X	将串行口寄存器的数据写入锁存器 A，并用缓冲器锁存数据更新锁存器 B
0	X	X	0	写锁存器 B 和双缓冲锁存器
0	X	X	1	只写双缓冲锁存器
X	1	X	X	14 μs 建立时间
X	0	X	X	3 μs 建立时间
X	X	0	X	上电操作
X	X	1	X	断电操作

注：X 为任意值。

图 8-30 为串行口的通信时序图。

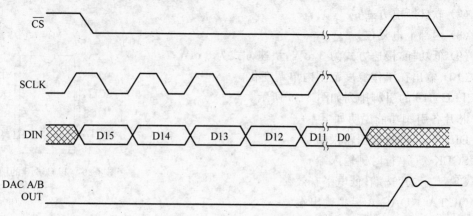

图 8-30 TLC5618 的时序图

3. TLC5618 与单片机的接口与程序

TLC5618 与 AT89S52 单片机的接口见图 8-31。串行数据通过 P2.1 输入 TLC5618，串行时钟通过 P2.2 输入，P2.0 接片选端。

其接口程序如下：

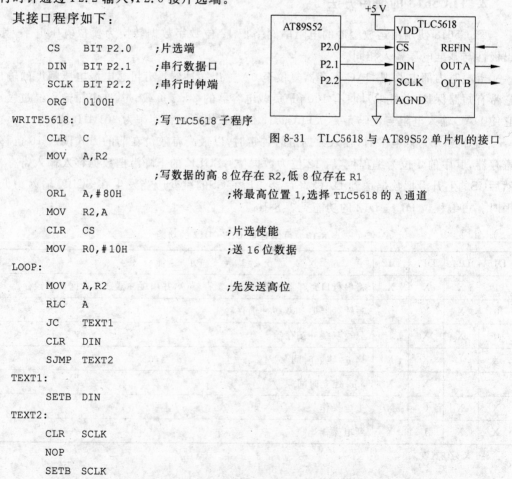

```
          CS    BIT P2.0        ;片选端
          DIN   BIT P2.1        ;串行数据口
          SCLK  BIT P2.2        ;串行时钟端
          ORG   0100H
WRITE5618:                      ;写 TLC5618 子程序
          CLR   C
          MOV   A,R2
                                ;写数据的高 8 位存在 R2,低 8 位存在 R1
          ORL   A,#80H          ;将最高位置 1,选择 TLC5618 的 A 通道
          MOV   R2,A
          CLR   CS              ;片选使能
          MOV   R0,#10H         ;送 16 位数据
LOOP:
          MOV   A,R2            ;先发送高位
          RLC   A
          JC    TEXT1
          CLR   DIN
          SJMP  TEXT2
TEXT1:
          SETB  DIN
TEXT2:
          CLR   SCLK
          NOP
          SETB  SCLK
                                ;16 位数据的左移
```

图 8-31 TLC5618 与 AT89S52 单片机的接口

```
MOV   A,R1
RLC   A
MOV   A,R2
RLC   A
MOV   R2,A
DJNZ  R0,LOOP
SETB  CS
RET
```

8.5.2　MAX518 与单片机接口实例

1. MAX518 芯片介绍

MAX518 是 8 位电压输出型数模转换器,采用 I²C 的双总线串行口,支持多个设备的通信,内部有精密输出缓冲,支持双极性工作方式。MAX518 具有两路输出通道,其电压参考源由电源电压提供,无须外部接入。其数据传输速率可以达到 400 Kbps。

MAX518 具有以下特点:

(1) 5 V 电源独立供电;

(2) 简单的双线接口;

(3) 输出缓冲放大双极性工作方式;

(4) 基准输入可为双极性;

(5) 掉电模式下耗电 4 μA;

(6) 与 I²C 总线兼容,总线上可挂 4 个器件。

MAX518 具有 8 脚 DIP 和 SO 封装,其引脚分布如图 8-32 所示。

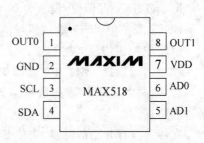

图 8-32　MAX518 的引脚图

芯片各引脚功能说明如下:

OUT0　　　电压输出通道 0

OUT1　　　电压输出通道 1

AD0、AD1　地址输入端,用于设置器件的从地址

SCL　　　串行时钟输入端

SDA　　　串行数据输入端

VDD　　　电源、参考电压复用端

GND　　　电源地

2. MAX518 的使用方法

MAX518 使用简单的双线串行口,图 8-33 是 MAX518 的接口工作时序。

使用时,首先向 MAX518 发送一个字节的地址信息,MAX518 收到之后,返回一个应答信号。地址字节的内容如表 8-11 所示。

表 8-11 中,AD1、AD0 为地址位,对应于地址输入端的状态。

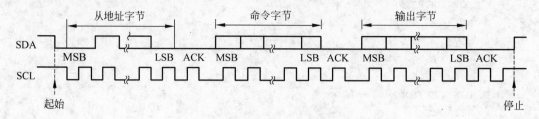

图 8-33　MAX518 的工作时序

表 8-11　MAX518 的地址字节

0	1	0	1	1	AD1	AD0	0

应答信号之后，向 MAX518 发送一个控制命令字节，MAX518 收到之后，再次返回一个应答信号。控制字节的内容如表 8-12 所示。

表 8-12　MAX518 的控制字节

R2	R1	R0	RST	PD	×	×	A0

表 8-12 中：

R2、R1、R0：保留位，设置为 0。

RST：复位位，该位置 1，器件所有寄存器复位为 0。

PD：电源工作模式控制位。该位置 1 时，器件工作在掉电低功耗状态。

A0：通道选择，该位为 0 选择 0 通道，为 1 选择 1 通道。

之后，向 MAX518 发送数据字节，同样，器件会返回一个应答信号。至此，整个数据发送过程结束。

在传送没有开始的时候，先使 SCL＝1，然后 SDA 产生负跳变，标志传送开始。数据传送结束时，使 SCL＝1，SDA 产生正跳变，标志着传送结束。

3. MAX518 与单片机的接口和程序

MAX518 与单片机的接口比较简单，只有两根连线。在应用时，如图 8-34 所示，串行时钟端与单片机的 P2.0 引脚相连，串行数据端与单片机的 P2.1 引脚相连。另外，本例只连接一片 MAX518，故其 AD0 与 AD1 端接地处理。

其接口程序如下：

```
        SCL    BIT  P2.0           ;串行时钟
        SDA    BIT  P2.1           ;串行数据
        SDATA  DATA 20H            ;待转换的数据存放在 20H
        ORG    0000H
        LJMP   MAIN
        ORG    0100H
MAIN:   MOV    SDATA,#7FH
        SETB   SDA                 ;传送起始信号
        SETB   SCL
```

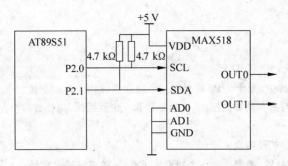

图 8-34　MAX518 与 AT89S51 单片机的接口

```
            CLR    SDA
            MOV    R1,#58H              ;传送器件地址
            ACALL  SENDDATA
            CLR    SDA                  ;应答信号
            SETB   SCL
            CLR    SCL
            MOV    R1,#00H              ;传送控制命令
            ACALL  SENDDATA
            CLR    SDA                  ;应答信号
            SETB   SCL
            CLR    SCL
            MOV    R1,SDATA             ;传送转换数据
            ACALL  SENDDATA
            CLR    SDA                  ;应答信号
            SETB   SCL
            CLR    SCL
            CLR    SDA                  ;传送结束信号
            SETB   SCL
            SETB   SDA
            LJMP   TEXT3                ;退出
SENDDATA:   CLR    C                    ;数据传送子程序
            MOV    R0,#08H
LOOP:       CLR    SCL
            MOV    A,R1
            RLC    A
            JC     TEXT1
            CLR    SDA
            SJMP   TEXT2
TEXT1:      SETB   SDA
TEXT2:      SETB   SCL
            MOV    R1,A
            DJNZ   R0,LOOP
            CLR    SCL
            RET
TEXT3:      END
```

习题

8-1　8031 单片机扩展系统中,为什么 P0 口要接一个锁存器,而 P2 口却不接?

8-2　外部程序存储器和数据存储器共用 16 位地址线和 8 位数据线,为什么两个存储空间不会发生冲突?

8-3　键盘如何去抖动?

8-4　如何用单片机串行口扩展键盘?

8-5　用 TLC5618 数模转换器,编程产生一个周期为 100 ms 的方波输出信号。

8-6　在 AT89C51 单片机系统中,拟扩展 1 片 27256 和 1 片 62256。试设计硬件电路图,并说明各芯片的地址范围。

8-7　设计一个小功率单相交流电机监控电路,画出电路图并编程序。已知:电机电源 220 V,电机轴上装有增量式光电编码器(每转 360 个脉冲)。要求:显示电机转速,按键启停。

第 9 章

MCS-51 系列单片机开发流程

单片机应用系统是一个比较复杂的信息处理系统,其开发过程是一个复杂的系统工程。这一过程包括市场调查、资料检索查询、可行性分析、组建研制小组、系统总体方案设计、方案论证和评审、硬件和软件的分别细化设计、硬件和软件的分别调试、系统组装、实验室仿真调试、烤机运行、现场试验调试、验收等。

本章以实现数码管循环显示功能为例,对系统总体方案设计、硬件和软件的分别细化设计和调试等内容进行介绍。这一过程包括:系统的功能要求和制订总体设计方案,确定硬件结构和软件算法,研制逻辑电路和编制程序,以及系统的调试和性能的测试等。

9.1　总体方案设计

总体方案的设计包括确定设计任务和系统功能、硬件总体方案设计和软件总体方案设计几个步骤,以下将以实现数码管循环显示功能为例,对每个步骤进行介绍。

9.1.1　系统功能要求

用 1 位数码管循环显示 0～9 这 10 个数字,更新速率为 1s,利用定时器延时,给出汇编语言完整程序。

9.1.2　硬件总体方案

在进行硬件总体方案设计之前,有必要对数码管的知识进行介绍。

数码管是一种半导体发光器件,其基本单元是发光二极管。数码管按段数分为七段数码管和八段数码管,八段数码管比七段数码管多一个发光二极管单元(多一个小数点显示);按能显示多少个 8 可分为 1 位、2 位、4 位等。常用数码管结构如图 9-1 所示。

LED 数码管根据 LED 的接法不同可以分为共阴和共阳两类,共阳数码管是指将所有发光二极管的阳极接到一起形成公共阳极(COM)的数码管。共阳数码管在应用时应将公共极 COM 接到电源正端。当某一字段发光二极管的阴极为低电平时,相应字段就点亮;当某一字段的阴极为高电平时,相应字段就不亮。共阴数码管是指将所有发光二极管的阴极接到一起形成公共阴极(COM)的数码管。共阴数码管在应用时应将公共极 COM 接到地线 GND 上。当某一字段发光二极管的阳极为高电平时,相应字段就点亮;当某一字段的阳极为低电平时,相应字段就不亮。另外,和一般的 LED 指示灯一样,需要加入限流电阻。了

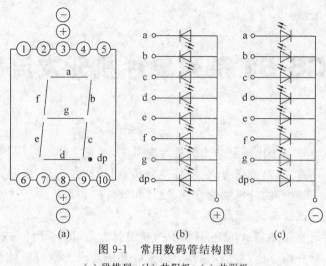

图 9-1　常用数码管结构图

(a) 段排列；(b) 共阳极；(c) 共阴极

解 LED 的这些特性，对编程是很重要的，因为不同类型的数码管，除了它们的硬件电路有差异外，编程方法也是不同的。

LED 数码管要正常显示，就要用驱动电路来驱动数码管的各个段码，从而显示出所需的数位，因此根据 LED 数码管的驱动方式的不同，可以分为静态式和动态式两类。

（1）静态显示驱动

静态驱动也称直流驱动，就是显示驱动电路具有输出锁存功能，单片机将所显示的数据送出去后就不再控制 LED 了。通常，静态驱动时，每个数码管的每一个段码都由一个单片机的 I/O 端口进行驱动，或者使用如 BCD 码二-十进位解码器解码进行驱动。静态驱动的优点是：编程简单，显示亮度高，占用 CPU 时间少；缺点是：用单片机 I/O 直接控制每个字段时，占用 I/O 端口多，如驱动 5 个数码管静态显示则需要 $5 \times 8 = 40$ 根 I/O 端口来驱动，要知道一个 AT89C51 单片机可用的 I/O 端口才 32 个，故实际应用时必须增加解码驱动器进行驱动，增加了硬体电路的复杂性。

（2）动态显示驱动

数码管动态显示是单片机中应用最为广泛的一种显示方式，动态驱动是将所有数码管的 8 个显示笔划"a,b,c,d,e,f,g,dp"的同名端连在一起，另外为每个数码管的公共极 COM 增加位元选通控制电路，位元选通由各自独立的 I/O 线控制，当单片机输出字形码时，所有数码管都接收到相同的字形码，但究竟是哪个数码管会显示出字形，取决于单片机对位元选通 COM 端电路的控制，所以只要将需要显示的数码管的选通控制打开，该位元就显示出字形，没有选通的数码管就不会亮。通过分时轮流控制各个 LED 数码管的 COM 端，就使各个数码管轮流受控显示，这就是动态驱动。在轮流显示过程中，每位数码管的点亮时间为 $1 \sim 2$ ms，由于人的视觉暂留现象及发光二极管的余辉效应，尽管实际上各位数码管并非同时点亮，但只要扫描的速度足够快，给人的印象就是一组稳定的显示资料，不会有闪烁感，达到和静态显示一样的显示效果，并且能够节省大量的 I/O 端口，而且功耗更低。

根据系统功能要求，系统只驱动一个 7 段共阳数码管显示，所以只利用 7 个 I/O 口直接控制每个字段显示就可以了；但是单片机的输出电流很小，不能驱动 LED，因而需要使用一个 74HC07 缓存器增加驱动能力。

9.1.3　软件总体方案

软件总体方案的设计思想应自顶而下,尽量采用功能框图的方法,确定各个功能模块之间的接口输入输出关系。根据系统要求可得到系统的软件流程图如图 9-2 所示。

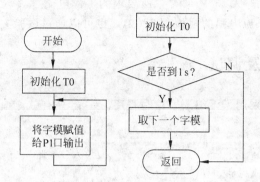

图 9-2　系统软件流程图(左边为主程序,右边为 T0 中断服务程序)

至此已经完成了总体方案设计部分的内容,下面将进行的工作是根据总体方案来具体设计系统的硬件部分和软件部分以及系统的调试。

9.2　硬件和软件细分设计

9.2.1　硬件设计

结合前面的硬件设计总体方案,设计的硬件电路如图 9-3 所示。

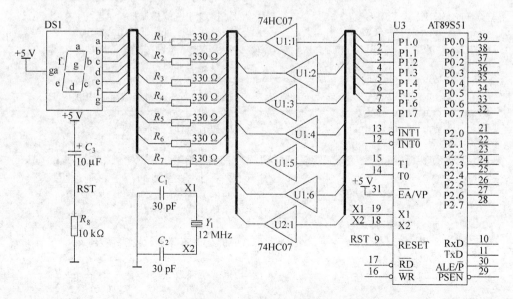

图 9-3　系统硬件电路图

需要对电路图进行说明的是,R1～R7 限流电阻阻值的计算方法。

发光二极管需要在适当的驱动电流作用下,才能得到需要的亮度。每一段数码管的正向电压一般为 1.2～2.4 V,通过选取限流电阻来使每一段数码管的工作电流为 10～20 mA。限流电阻取值计算公式如下:

$$限流电阻 = \frac{电源电压 - LED 正向稳压电压}{所要求的工作电流}$$

根据此公式,选取限流电阻的阻值为 330 Ω。也可以通过试验方法,选取合适的阻值。

9.2.2　软件设计及调试

本系统的软件设计采用了汇编语言编写程序。

程序代码如下:

```
              ORG  0000H            ;复位入口地址
              LJMP MAIN             ;跳转到主函数

              ORG  000BH            ;T0 中断入口地址
              LJMP INTT0            ;跳转到 T0 中断服务程序

              ORG  0100H            ;主函数
MAIN:         MOV  TMOD,#01H        ;设置 T0 为方式 1
              MOV  TH0,#3CH         ;赋初值,定时 50 ms
              MOV  TL0,#0B0H
              SETB EA               ;开启总中断使能
              SETB ET0              ;使能 T0 中断
              SETB TR0              ;T0 开始计数
              MOV  R0,#00H          ;字模缓冲区偏移地址
              MOV  R2,#00H          ;循环计数变量清 0

DISPLAY: MOV  A ,R0                 ;字模缓冲区偏移地址给 A
              MOV  DPTR,#TAB        ;字模缓冲区首地址给 DPTR
              MOVC A,@A+DPTR        ;A+DPTR 就是制定字模的地址
                                    ;并将该地址的内容给 A
              MOV  P1 ,A            ;将字模给 P2 输出
              SJMP DISPLAY          ;循环至 DISPLAY,等待定时中断
INTT0:        CLR  TR0              ;T0 停止计数
              MOV  TH0, #3CH        ;赋初值,定时 50 ms
              MOV  TL0, #0B0H
              SETB TR0              ;T0 开始计数
              INC  R2               ;循环计数变量加 1
              CJNE R2,#14H,NC       ;如果 R2 不等于 20,跳转到 NC
              MOV  R2,#00H          ;循环计数变量清 0
              INC  R0
              CJNE R0,#0AH,NC       ;如果 R0 不等于 #0AH,跳转到 NC
              MOV  R0 ,#00H
NC:           RETI                  ;返回主函数

TAB:          DB   0C0H             ;0 的字模
```

```
        DB    0F9H                              ;1
        DB    0A4H                              ;2
        DB    0B0H                              ;3
        DB    99H                               ;4
        DB    92H                               ;5
        DB    82H                               ;6
        DB    0F8H                              ;7
        DB    80H                               ;8
        DB    90H                               ;9

        END                                     ;结束
```

　　下面将利用 Keil 软件对上面程序进行编译、调试，生成 Proteus 仿真需要的十六进制文件（Proteus 仿真参考 9.3 节介绍）。详细的调试步骤请参考前面章节中的介绍，这里不再赘述，编译成功后软件会出现如图 9-4 所示界面。

图 9-4　系统软件调试

　　图 9-4 中，信息提示软件无错误和警告，此时软件会在软件工程所在文件夹生成一个十六进制文件（扩展名为 .hex），此文件用于在 Proteus 中的软件仿真。

9.3　系统的 Proteus 仿真和调试

　　本节利用前面介绍的软件 Proteus 对数码管显示系统进行仿真。

9.3.1　利用 Proteus 绘制电路图

　　首先根据 9.2 节中的硬件电路图将相关元件放置于新建的原理图文件中并进行电路连接，如图 9-5 所示。

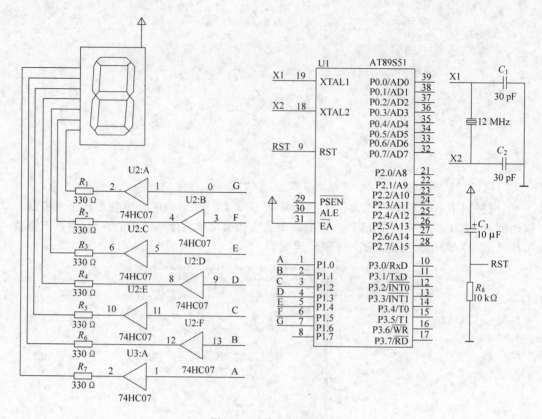

图 9-5　系统硬件电路图

9.3.2　利用 Proteus 软件仿真

这里会利用前面绘制的硬件电路图和软件生成的十六进制文件进行软件仿真。

首先打开已经建立好的原理图文件(见图 9-5),双击元件 AT89S51,出现如图 9-6 所示的界面。

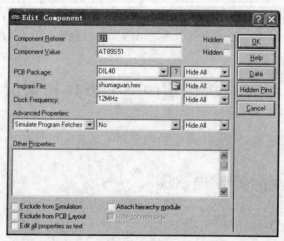

图 9-6　元件编辑图

单击 Program File 栏的文件夹图标,打开如图 9-7 所示的界面。

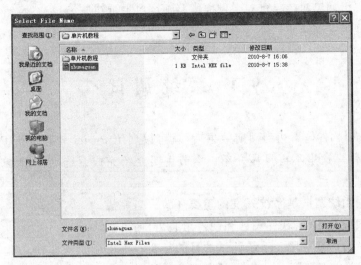

图 9-7 选择十六进制文件

选中已经生成的十六进制文件并确定,退回到如图 9-5 所示的电路图界面。程序下载已经完成,接下来进行程序的仿真,仿真步骤请读者参考前面的介绍。仿真效果如图 9-8 所示。

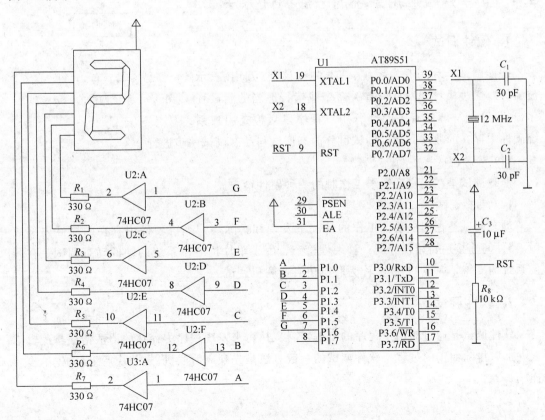

图 9-8 软件仿真效果图

至此,软件仿真的部分已经结束。利用 Proteus 的软件仿真非常直观,很容易发现软件程序存在的错误。如果在仿真过程中发现错误则可以根据仿真效果修改软件程序,如此往复可以保证软件的正确性。

9.4　系　统　调　试

利用 Proteus 软件仿真达到预期效果后,就可以利用 Protel 软件进行 PCB(印制电路板)的设计和制作。这里不再具体介绍。本节主要介绍完成系统硬件组装后的一般调试步骤。

单片机应用系统调试是系统开发的重要环节。当完成了单片机应用系统的硬件、软件设计和硬件组装后,便可进入单片机应用系统调试阶段。系统调试的目的是要查出用户系统中硬件设计与软件设计中存在的错误及可能出现的不协调问题,以便修改设计,最终使用户系统能正确可靠地工作。系统调试的一般过程如图 9-9 所示。

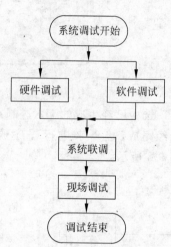

图 9-9　系统调试的一般过程

9.4.1　单片机应用系统的一般调试方法

1. 硬件调试

硬件调试是利用开发系统、基本测试仪器(万用表、示波器等),通过执行开发系统有关命令或运行适当的测试程序(也可以是与硬件有关的部分用户程序段),检查用户系统硬件中存在的故障。硬件调试可分静态调试与动态调试两步进行。

(1) 静态调试

静态调试是在用户系统未工作时的一种硬件检查。

(2) 动态调试

动态调试是在用户系统工作的情况下发现和排除用户系统硬件中存在的器件内部故障、器件间连接逻辑错误等的一种硬件检查。由于单片机应用系统的硬件动态调试是在开发系统的支持下完成的,故又称为联机仿真或联机调试。

2. 软件调试

软件调试是通过对用户程序的汇编、连接、执行来发现程序中存在的语法错误与逻辑错误并加以排除纠正的过程。软件调试的一般方法是先独立后联机、先分块后组合、先单步后连续。

3. 系统联调

系统联调是指让用户系统的软件在其硬件上实际运行,进行软、硬件联合调试,从中发现硬件故障或软、硬件设计错误。这是对用户系统检验的重要一关。

系统联调主要解决以下问题:

(1) 软、硬件能否按预定要求配合工作,如果不能,那么问题出在哪里? 如何解决?

(2) 系统运行中是否有潜在的设计时难以预料的错误,如硬件延时过长造成工作时序不符合要求、布线不合理造成有信号串扰等。

(3) 系统的动态性能指标(包括精度、速度参数)是否满足设计要求。

4. 现场调试

一般情况下,通过系统联调后,用户系统就可以按照设计目标正常工作了。但在某些情况下,由于用户系统运行的环境较为复杂(如环境干扰较为严重、工作现场有腐蚀性气体等),在实际现场工作之前,环境对系统的影响无法预料,只能通过现场运行调试来发现问题,找出相应的解决办法;或者虽然已经在系统设计时考虑到抗环境干扰的对策,但是否行之有效,还必须通过用户系统在实际现场的运行来加以验证。

9.4.2　数码管显示系统调试

下面以实现数码管显示功能为例,介绍该系统的部分调试过程。

目前大多数单片机都支持 ISP 技术,例如 STC 单片机、AVR 系列以及 ATMEL 的 AT89S 系列单片机等。ISP 的英文全称为 In-System Programming,即在线系统编程,是一种无须将存储芯片(如 EPROM)从嵌入式设备上取出就能对其进行编程的过程。它的优势是不需要编程器就可以进行单片机的试验和开发,对于初学者来说,这是一种既简单又经济的开发工具。

目前,ISP 下载软件多种多样,对应一种下载软件,往往其配套的 ISP 下载线的制作方法也不同,本书将教给读者一种比较简单也是最常用的 ISP 下载线制作方法。

利用芯片 74HC373 制作的 ISP 下载线的电路图如图 9-10 所示。

下载线一侧连接 PC 机的并口,一侧连接单片机的 P1.7、P1.6、P1.5 和复位引脚。再通过下载软件可以很方便地把程序下载到单片机中。

此下载线对应的软件是 Easy 51Pro,界面如图 9-11 所示。

下面以数码管显示系统为例,简单介绍其程序下载过程。

打开 Easy 51Pro 软件。首先检测器件,若没有检测到单片机,请检查下载线连接或者单片机是否上电等情况;成功检测到器件后,单击"打开文件"选项,找到要下载的程序代码(.hex 文件),选定;然后单击"擦除器件"选项,擦除单片机原来的程序;最后单击"自动完成"选项即可。

观察程序运行的效果是否符合要求,如果不符合则应根据运行效果修改软件程序,直到达到要求为止。

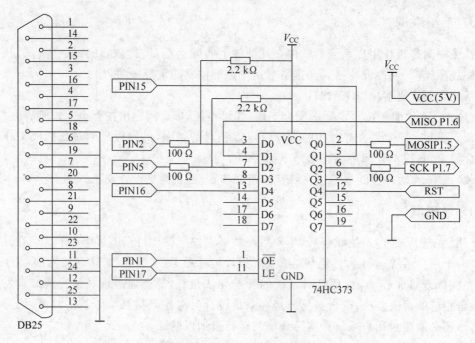

图 9-10 ISP 下载线电路图

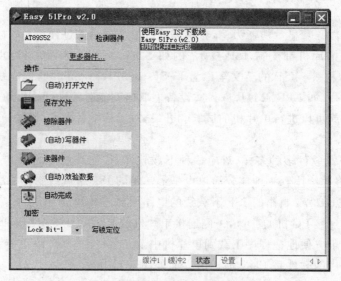

图 9-11 Easy 51Pro 软件界面

第 **10** 章

数字电子钟设计实例

通过本章的学习,主要了解时钟芯片的原理和应用方法,进一步认识单片机与外围芯片的软件和硬件接口方法,熟悉 LCD 的接口与编程及三线制芯片的使用方法,加强单片机汇编指令的应用。

10.1　设　计　要　求

数字电子钟是一种用数字电路技术实现时、分、秒计时的装置,与机械式时钟相比具有更高的准确性和直观性,且无机械装置,具有更长的使用寿命,因此应用广泛。本实例中的数字时钟采用 AT89C51 单片机实现系统的控制,采用实时时钟芯片 DS1302 获取时间数据,时间显示通过 LCD1602 实现,显示时、分、秒,此种显示方式的设计方案思想比较简单、可行,结构比较简单。数字电子钟在生活中应用很广泛,感兴趣的读者可以进行深入的研究,使之实现更多功能。

10.2　硬　件　设　计

本实例中,采用 AT89C51 单片机作为系统的控制核心。时钟数据通过时钟芯片 DS1302 来获取,采用 LCD1602 显示时、分、秒数据,通过按键开关来实现对时、分、秒位的调整。总体功能框图如图 10-1 所示。

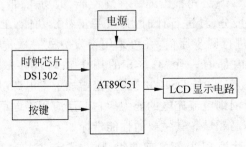

图 10-1　总体功能框图

10.2.1 按键电路设计

在单片机应用设计系统中,按键主要有两种形式:一种是直接按键,另一种是矩阵编码键盘。具体连接方式在第8章已经介绍了,这里不再赘述。在本实例中,由于按键个数较少,所以采用直接按键方式,如图 10-2 所示。

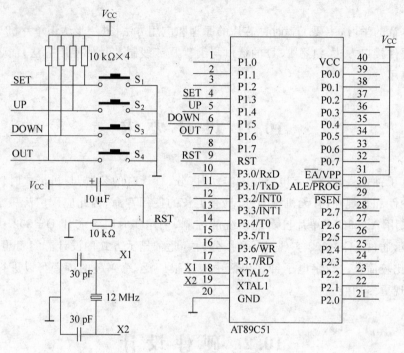

图 10-2 按键接口电路

10.2.2 时钟芯片 DS1302 的性能特点和工作原理

DS1302 是美国 DALLAS 公司推出的一种高性能、低功耗、带 RAM 的实时时钟电路,它可以对年、月、周、日、时、分、秒进行计时,具有闰年补偿功能,工作电压为 2.0~5.5 V。它采用三线接口与 CPU 进行同步通信,并可采用突发方式一次传送多个字节的时钟信号或 RAM 数据。DS1302 内部有一个 31×8 的用于临时性存放数据的 RAM 寄存器。DS1302 是 DS1202 的升级产品,与 DS1202 兼容,但增加了主电源/后备电源双电源引脚,同时提供了对后备电源进行涓细电流充电的能力。它广泛应用于电话、传真、便携式仪器以及电池供电的仪器仪表等产品领域。其主要的性能指标如下:

(1) 实时时钟具有能计算 2100 年之前的年、月、周、日、时、分、秒的能力,还具有闰年补偿功能;

(2) 31×8 b 暂存数据寄存器 RAM;

(3) 串行 I/O 口方式使得引脚数量最少;

(4) 宽范围的工作电压:2.0~5.5 V;

（5）工作电压为 2.0 V 时，工作电流小于 300 mA；

（6）读写时钟或 RAM 数据时，有两种传送方式，即单字节传送和多字节传送（字符组方式）；

（7）8 脚 DIP 封装或可选的 8 脚 SOIC 封装；

（8）简单的三线接口；

（9）与 TTL 兼容（$V_{CC} = 5$ V）；

（10）可选工业级温度范围：$-40 \sim +85$℃；

（11）在 DS1202 基础上增加的特性：对 VCC1 有可选的涓细电流充电的能力，双电源引脚用于主电源和备份电源供应，备份电源引脚可由电池或大容量电容输入，附加的 7B 暂存存储器。

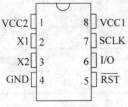

图 10-3　DS1302 引脚图

DS1302 的引脚如图 10-3 所示，其中 VCC1 为后备电源，VCC2 为主电源。在主电源关闭的情况下，也能保持时钟的连续运行。DS1302 由 VCC1 或 VCC2 两者中的较大者供电。当 VCC2 > VCC1 + 0.2 V 时，VCC2 给 DS1302 供电；当 VCC2 < VCC1 时，DS1302 由 VCC1 供电。X1 和 X2 是振荡源，外接 32.768 kHz 晶振。RST 是复位/片选线，通过把 RST 输入驱动置高电平来启动所有的数据传送。RST 输入有两种功能：首先，RST 接通控制逻辑，允许地址/命令序列送入移位寄存器；其次，RST 提供终止单字节或多字节数据的传送手段。当 RST 为高电平时，所有的数据传送被初始化，允许对 DS1302 进行操作。如果在传送过程中 RST 置为低电平，则会终止此次数据传送，I/O 引脚变为高阻态。上电运行时，在 $V_{CC} \geqslant 2.5$ V 之前，RST 必须保持低电平。只有在 SCLK 为低电平时，才能将 RST 置为高电平。I/O 为串行数据输入输出端（双向），SCLK 始终是输入端。

DS1302 的控制字如图 10-4 所示。控制字节的最高有效位（位 7）必须是逻辑 1，否则不能把数据写入 DS1302 中；位 6 如果为 0，则表示存取日历时钟数据，为 1 表示存取 RAM 数据；位 5～位 1 指示操作单元的地址；最低有效位（位 0）如为 0 表示要进行写操作，为 1 表示进行读操作；控制字节总是从最低位开始输出。

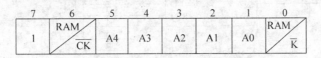

7	6	5	4	3	2	1	0
1	RAM/$\overline{CK}$	A4	A3	A2	A1	A0	RAM/$\overline{K}$

图 10-4　DS1302 控制字节

在控制指令字输入后的下一个 SCLK 时钟的上升沿时，数据被写入 DS1302，数据输入从低位即位 0 开始。同样，在紧跟 8 位的控制指令字后的下一个 SCLK 脉冲的下降沿读出 DS1302 的数据，读出数据时从低位位 0 到高位位 7。

DS1302 有 12 个寄存器，其中有 7 个寄存器与日历、时钟相关，存放的数据位为 BCD 码形式，其日历、时间寄存器及其控制字见表 10-1。

此外，DS1302 还有年份寄存器、控制寄存器、充电寄存器、时钟突发寄存器及与 RAM 相关的寄存器等。时钟突发寄存器可一次性顺序读写除充电寄存器外的所有寄存器内容。DS1302 与 RAM 相关的寄存器分为两类：一类是单个 RAM 单元，共 31 个，每个单元组态

表 10-1　DS1302 的寄存器分配表

寄存器	写地址	读地址	取 值	位 定 义							
				7	6	5	4	3	2	1	0
秒寄存器	80H	81H	00~59	CH	10SEC			10SEC			
分钟寄存器	82H	83H	00~59	0	10MIN			MIN			
小时寄存器	84H	85H	01~12 00~23	12/24	0	$\frac{10}{A/P}$	HR	HR			
日寄存器	86H	87H	01~28/29 01~30 01~31	0	0	10DATE		DATE			
月寄存器	88H	89H	01~12	0	0	0	10 M	MONTH			
周寄存器	8AH	8BH	01~07	0	0	0	0	0	DAY		
年寄存器	8CH	8DH	00~99	10YEAR				YEAR			

为一个 8 位的字节,其命令控制字为 C0H~FDH,其中奇数为读操作,偶数为写操作;另一类为突发方式下的 RAM 寄存器,此方式下可一次性读写所有 RAM 的 31 个字节,命令控制字为 FEH(写)、FFH(读)。

10.2.3　时钟芯片 DS1302 与单片机的连接

DS1302 与单片机的连接需要 3 条线,即 SCLK 串行时钟引脚、I/O 串行数据引脚、$\overline{\text{RST}}$ 引脚。DS1302 的第 8 引脚 VCC1 接一个 +3 V 的备用直流电池。DS1302 采用 32 768 Hz 的晶振。图 10-5 所示为 DS1302 与 AT89C51 的连接原理图。

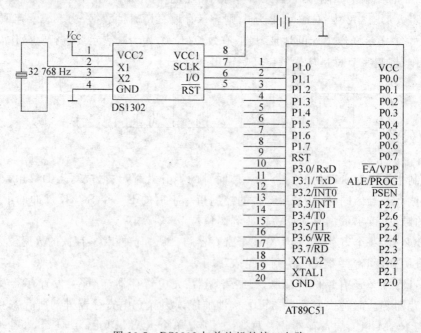

图 10-5　DS1302 与单片机的接口电路

10.2.4　电路原理图

在本实例中,采用单片机 AT89C51 作为微控制器,采用实时时钟芯片 DS1302 来获取时间数据,采用 LCD1602 来显示时、分、秒的数据。在本实例中通过 4 个按键实现对时、分、秒位数据的调节,其中按键 S1 是用来设置要调节的位,按一次则秒位数据闪烁,对秒位进行操作;按两次则分钟位数据闪烁,对分钟位进行操作;按三次则小时数据闪烁,则对小时数据进行操作。按键 S2 用于对要调节的数据位进行加 1 操作。按键 S3 用于对要调节的数据位进行减 1 操作。当按键 S4 被按下时,则将跳出调整模式,返回默认显示。总体电路原理图如图 10-6 所示。

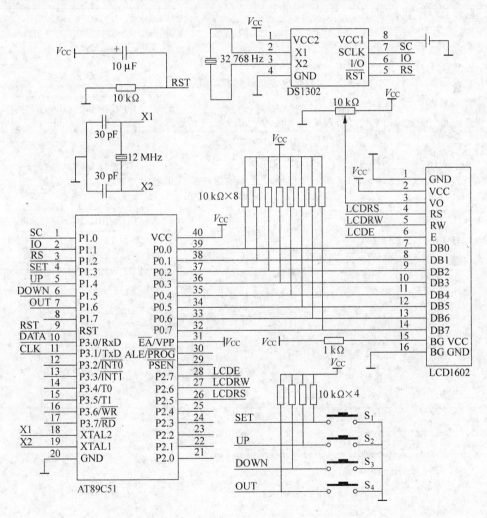

图 10-6　总体电路原理图

10.3 软件设计

10.3.1 显示子程序软件流程图

本实例显示子程序流程图如图 10-7 所示。

10.3.2 显示子程序的代码

显示子程序代码如下:

```
DISPLAY: LCALL  LCDINT      ;LCD初始化
         MOV    R1,#8       ;共需要向 LCD 传送 8 个字节
         MOV    R0,#40H     ;数据单元指针赋初始值
DSPL1:   MOV    A,@R0
         CJNE   A,#20H,DSPL2 ;判断该单元内的内容是否是
                             空格的 ASCII 码
         LJMP   DSPL3
DSPL2:   MOV    A,#30H      ;将该单元的数据转换成相应
                             的 ASCII 码
         ADD    A,@R0
         MOV    @R0,A
DSPL3:   INC    R0
         DJNZ   R1,DSPL1    ;判断是否将所有单元的数据
                             都转换成相应的 ASCII 码
         MOV    42H,#3AH    ;将":"的 ASCII 码存入 42、
                             45H 单元
         MOV    45H,#3AH
         MOV    R0,#03H     ;设定时间在 LCD 中显示的
                             位置
         MOV    R3,#00H
         LCALL  GOTOXY
         MOV    R0,#47H     ;调用字节显示函数
         LCALL  PRINT
         MOV    DATA3,#0FFH ;延时
         LCALL  DELAY1MS
         RET
         END
```

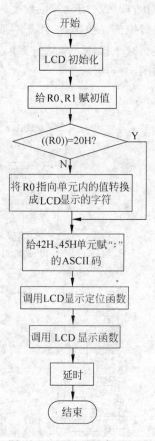

图 10-7　显示子程序流程图

10.3.3 主函数软件流程图

本实例主函数程序流程图如图 10-8 所示。

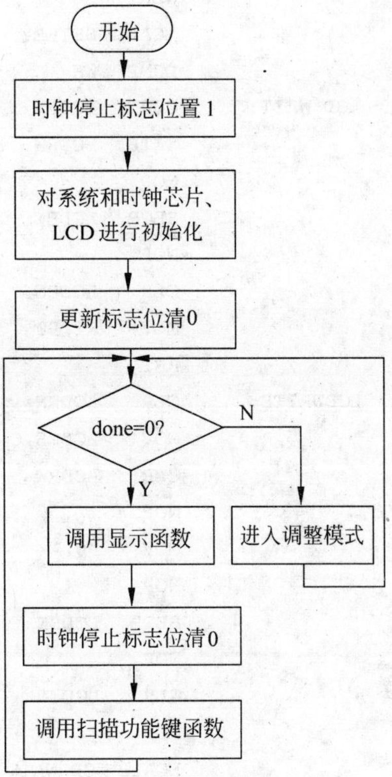

10.3.4 总的汇编语言源程序代码

总的汇编语言源程序代码如下：

```
DATA_IO   BIT    P1.1       ;实时时钟数据线引脚
SCLK      BIT    P1.0       ;实时时钟时钟线引脚
RST       BIT    P1.2       ;实时时钟复位线引脚
LCDRS     BIT    P2.5       ;LCD 数据命令选择端
LCDRW     BIT    P2.6       ;LCD 读写选择端
LCDEN     BIT    P2.7       ;LCD 使能端口
SECOND    EQU    30H        ;存放从 DS1302 中读出
                             秒的单元
MINUTE    EQU    31H        ;存放从 DS1302 中读出
                             分钟的单元
HOUR      EQU    32H        ;存放从 DS1302 中读出
                             小时的单元
ADDRESS   EQU    35H        ;DS1302 命令字节地址
DATA1     EQU    36H        ;向 DS1302 的某个地址
                             写入的数据所存的单元
DATA2     EQU    37H        ;从 DS1302 中读取某地址的数据所存的单元
DATA3     EQU    39H        ;延时长短的控制数据所存的单元
COUNT     EQU    71H        ;按键计数单元
TEMP      EQU    70H
          ORG    0000H
          LJMP   MAIN
;主程序
          ORG    0060H
MAIN:     SETB   00H        ;时钟停止标志位置 1
          LCALL  SYSTEM_INIT ;系统初始化
          LCALL  INIT_CLOCK  ;时钟芯片初始化
          LCALL  LCDINT
          CLR    05H        ;更新标志位清 0
          CLR    06H
          CLR    07H
WH:       JNB    07H,SHOW
          LCALL  KEYDONE     ;进入调整模式
SHOW:     JB     07H,WH
          LCALL  SHOWTIME
          LCALL  DISPLAY     ;显示数据
```

图 10-8 主函数程序流程图

```
              CLR    00H
              LCALL  SETKEY              ;扫描各功能键
              LJMP   WH
LCD_WAIT:     CLR    LCDRS               ;LCD 内部等待函数
              SETB   LCDRW
              NOP
              SETB   LCDEN
              NOP
              CLR    LCDEN
              MOV    R1,P0
              RET
LCDWRITE:     CLR    LCDEN               ;向 LCD 写入命令或数据函数
              MOV    LCDRS,C             ;将一个位数据传给 LCD 的数据命令端
              CLR    LCDRW               ;LCD 读写端清 0
              NOP
              MOV    P0,A                ;数据传出
              NOP
              SETB   LCDEN               ;LCD 使能端置 1
              NOP
              CLR    LCDEN
              NOP
              LCALL  LCD_WAIT            ;调用内部等待函数
              RET
LCDSETDISPLAY:CLR    C                   ;设置显示模式函数
              MOV    A,R1
              ORL    A,#08H
              LCALL  LCDWRITE            ;调用显示函数
              RET
LCDSETINPUT:  CLR    C                   ;设置输入模式函数
              MOV    A,R2
              ORL    A,#04H
              LCALL  LCDWRITE
              RET
LCDINT:       CLR    LCDEN               ;LCD 初始化函数
              CLR    C
              MOV    A,#38H              ;设置为 8 位数据端口,2 行显示,5×7 点阵
              LCALL  LCDWRITE
              CLR    C
              MOV    A,#38H
              LCALL  LCDWRITE
              MOV    R1,#04H             ;开启显示, 无光标
              LCALL  LCDSETDISPLAY
              CLR    C
              MOV    A,#01H              ;清屏
              LCALL  LCDWRITE
```

```
                    MOV    R2,#02H
                    LCALL  LCDSETINPUT          ;AC 递增,画面不动
                    RET
GOTOXY:             CJNE   R3,#00H,G1           ;液晶字符输入的位置设置函数
                    MOV    A,R0
                    ORL    A,#80H
                    CLR    C
                    LCALL  LCDWRITE
G1:                 CJNE   R3,#01H,G3
                    MOV    A,R0
                    CLR    C
                    SUBB   A,#40H
                    ORL    A,#80H
                    CLR    C
                    LCALL  LCDWRITE
G3:                 RET
PRINT:              MOV    R1,#10H              ;将字符输出到液晶显示函数
                    MOV    A,@R0
   PR1:             SETB C
                    MOV    A,@R0
                    LCALL  LCDWRITE
                    DEC    R0                   ;使 R0 指向下一个单元
                    DJNZ   R1,PR1               ;判断是否全部显示
                    RET
;向 DS1302 写入一个字节的函数
SENDBYTE:           MOV    R4,#8
SENDLOOP:           MOV    A,B
                    RRC    A                    ;将累加器中的数据右移一位
                    MOV    B,A
                    MOV    DATA_IO,C            ;将字节的最低位传到时钟的数据总线上
                    SETB   SCLK                 ;时钟上升沿发送数据有效
                    NOP
                    NOP
                    CLR    SCLK                 ;清时钟总线
                    DJNZ   R4,SENDLOOP          ;判断是否发送完一个字节
                    RET
;从 DS1302 读取一字节函数
RECEIVEBYTE:        CLR    A                    ;清累加器
                    CLR    C                    ;清进位标志位
                    MOV    R4,#8
RECEIVELOOP:        NOP
                    NOP
                    MOV    C,DATA_IO            ;将数据线上的一位数据存入累加器中
                    RRC    A                    ;将累加器中的数据右移一位
                    SETB   SCLK                 ;时钟上升沿发送数据有效
```

```
                    NOP
            CLR     SCLK                ;清时钟总线
            DJNZ    R4,RECEIVELOOP      ;判断是否已经读取一个字节数据
            RET
```
;向 DS1302 的某个地址写入数据函数
```
WRITECLOCK:     CLR     RST             ;复位引脚为低电平,所有数据传送终止
                NOP
                CLR     SCLK            ;清时钟总线
                NOP
                SETB    RST             ;复位引脚为高电平,逻辑控制有效
                NOP
                MOV     B,ADDRESS       ;写入地址命令
                LCALL   SENDBYTE
                NOP
                MOV     B,DATA1         ;向 ADDRESS 地址单元写入一个字节数据
                LCALL   SENDBYTE
                NOP
                SETB    SCLK            ;时钟总线置高
                NOP
                CLR     RST             ;逻辑操作完毕,清复位总线
                NOP
                RET
```
;读取某地址的数据
```
READCLOCK:      MOV     A,ADDRESS       ;将地址数据传到累加器中
                ORL     A,#01H
                MOV     B,A
                CLR     RST             ;复位引脚为低电平,所有数据传送终止
                NOP
                CLR     SCLK            ;清时钟总线
                NOP
                SETB    RST             ;复位引脚为高电平,逻辑控制有效
                NOP
                LCALL   SENDBYTE        ;写入地址命令
                NOP
                LCALL   RECEIVEBYTE     ;读取一个字节数据
                NOP
                MOV     DATA2,A
                NOP
                SETB    SCLK            ;时钟总线置高
                NOP
                CLR     RST             ;逻辑操作完毕,清复位总线
                NOP
                RET
```
;时钟芯片初始化函数
```
INIT_CLOCK:
```

```
                MOV     ADDRESS,#80H        ;读取秒数据
                LCALL   READCLOCK
                MOV     SECOND,DATA2
                MOV     A,SECOND
                ANL     A,#80H
                CJNE    A,#00H,CONU         ;判断时钟芯片是否关闭
                LJMP    INIT
CONU:           CLR     RST
                NOP
                CLR     SCLK
                NOP
                SETB    RST
                NOP
                MOV     ADDRESS,#8EH        ;写控制命令字
                MOV     DATA1,#00H          ;写入允许
                LCALL   WRITECLOCK
                NOP
                MOV     ADDRESS,#84H        ;以下写入初始化时间 23:59:55
                MOV     DATA1,#23H
                LCALL   WRITECLOCK
                NOP
                MOV     ADDRESS,#82H
                MOV     DATA1,#59H
                LCALL   WRITECLOCK
                NOP
                MOV     ADDRESS,#80H
                MOV     DATA1,#55H
                LCALL   WRITECLOCK
                NOP
                MOV     ADDRESS,#8EH        ;写控制命令字
                MOV     DATA1,#80H          ;禁止写入
                LCALL   WRITECLOCK
INIT:           NOP
                RET
;显示延时子程序
DELAY1MS:
                PUSH    PSW
                MOV     R7,#DATA3           ;当 DATA3=2 时,延时 1 ms
DEL1:           MOV     R6,#248
DEL2:           DJNZ    R6,DEL2
                DJNZ    R7,DEL1
                POP     PSW
                RET
;跳出调整模式,返回默认显示函数
OUTKEY:         JNB     P2.3,JS             ;判断跳出调整模式按键是否被按下
```

```
                    LJMP    OUT
JS:                 MOV     DATA3,#10H          ;如果被按下,延时 8 ms,为了消除按键抖动
                    LCALL   DELAY1MS
                    JNB     P2.3,JSS
                    LJMP    OUT
JSS:                MOV     COUNT,#00H          ;计数变量单元清 0
                    MOV     5FH,#00H            ;位闪计数变量单元清 0
                    MOV     5EH,#00H
                    MOV     5DH,#00H
                    MOV     ADDRESS,#80H        ;读取秒数据
                    LCALL   READCLOCK
                    MOV     SECOND,DATA2
                    NOP
                    MOV     ADDRESS,#8EH        ;写控制命令字,写入允许
                    MOV     DATA1,#00H
                    LCALL   WRITECLOCK
                    NOP
                    MOV     ADDRESS,#80H        ;写入秒位数据
                    ANL     SECOND,#7FH
                    MOV     DATA1,SECOND
                    LCALL   WRITECLOCK
                    NOP
                    MOV     ADDRESS,#8EH        ;写控制命令字,禁止写入
                    MOV     DATA1,#80H
                    LCALL   WRITECLOCK
                    NOP
                    CLR     07H                 ;按键操作标志位清 0
JSSS:               JNB     P2.3,JSSS           ;循环等待按键弹起
OUT:                RET
;被调节位加 1 按键函数
UPKEY:              JNB     P2.2,JU             ;判断加 1 按键是否被按下
                    LJMP    UPOUT
JU:                 MOV     DATA3,#0BH          ;如果被按下,延时 8 ms,为了消除按键抖动
                    LCALL   DELAY1MS
                    JNB     P2.2,JM
                    LJMP    UPOUT
JM:                 MOV     A,COUNT             ;判断要调节哪一位
                    CJNE    A,#01H,JF           ;如果 COUNT 单元内容为 1,则调节秒位
                    MOV     ADDRESS,#80H        ;读取秒数
                    LCALL   READCLOCK
                    NOP
                    MOV     A,DATA2             ;将读取的秒数传给累加器
                    INC     A                   ;秒数加 1
                    MOV     TEMP,A
                    SETB    05H                 ;数据调整后更新标志
```

```
                ANL     A,#7FH
                CLR     C
                CJNE    A,#60H,J01          ;判断秒位如果超过 59 秒,清 0
J01:            JC      J0
                MOV     TEMP,#00H
J0:             LJMP    UPOUT
JF:             MOV     A,COUNT
                CJNE    A,#02H,JSH          ;如果 COUNT 单元内容为 2,则调节分钟位
                MOV     ADDRESS,#82H        ;读取分钟数
                LCALL   READCLOCK
                NOP
                MOV     A,DATA2
                INC     A                   ;分钟数加 1
                MOV     TEMP,A
                SETB    05H                 ;数据调整后更新标志
                ANL     A,#7FH
                CLR     C
                CJNE    A,#60H,J001         ;判断秒位如果超过 59 秒,清 0
J001:           JC      J00
                MOV     TEMP,#00H
J00:            LJMP    UPOUT
JSH:            MOV     A,COUNT
                CJNE    A,#03H,UPOUT        ;如果 ÇOUNT 单元内容为 3,则调节分钟位
                MOV     ADDRESS,#84H        ;读取小时数
                LCALL   READCLOCK
                NOP
                MOV     A,DATA2
                INC     A                   ;小时数加 1
                MOV     TEMP,A
                SETB    05H                 ;数据调整后更新标志
                CLR     C
                CJNE    A,#24H,UPOUT1       ;判断小时位如果超过 23 小时,清 0
UPOUT1:         JC      UPOUT
                MOV     TEMP,#00H
JUUU:           JNB     P2.2,JUUU           ;等待按键弹起
UPOUT:          RET
;被调节位减 1 按键函数
DOWNKEY:        JNB     P2.1,JD             ;判断减 1 按键是否被按下
                LJMP    DOWNOUT
JD:             MOV     DATA3,#10H          ;如果被按下,延时 8 ms,为了消除按键抖动
                LCALL   DELAY1MS
                JNB     P2.1,JDD
                LJMP    DOWNOUT
JDD:            MOV     A,COUNT
                CJNE    A,#01H,JMD          ;如果 COUNT 单元内容为 1,则调节秒位
```

```
                  MOV    ADDRESS,#80H        ;读取秒数
                  LCALL  READCLOCK
                  NOP
                  MOV    A,DATA2             ;将秒数据存入累加器A中
                  DEC    A                   ;秒数减1
                  MOV TEMP,A
                  SETB   06H                 ;数据调整后更新标志
                  CJNE   A,#7FH,J59          ;小于0秒,返回59秒
                  MOV    TEMP,#59H
      J59:        LJMP   DOWNOUT
      JMD:        MOV    A,COUNT
                  CJNE   A,#02H,JFD          ;如果COUNT单元内容为2,则调节分钟位
                  MOV    ADDRESS,#82H        ;读取分钟数
                  LCALL  READCLOCK
                  NOP
                  MOV    A,DATA2
                  DEC    A                   ;分钟数减1
                  MOV    TEMP,A
                  SETB   06H                 ;数据调整后更新标志
                  CJNE   A,#7FH,J599         ;如果分钟数小于0分,返回59分
                  MOV    TEMP,#59H
      J599:       LJMP   DOWNOUT
      JFD:        MOV    A,COUNT
                  CJNE   A,#03H,DOWNOUT      ;如果COUNT单元内容为3,则调节小时位
                  MOV    ADDRESS,#84H        ;读取小时数
                  LCALL  READCLOCK
                  NOP
                  MOV    A,DATA2
                  DEC    A                   ;小时数减1
                  MOV    TEMP,A
                  SETB   06H                 ;数据调整后更新标志
                  CJNE   A,#0FFH,J23         ;如果小时数小于0,返回23时
                  MOV    TEMP,#23H
      J23:        LJMP   DOWNOUT
      JDDD:       JNB    P2.1,JDDD           ;等待按键弹起
      DOWNOUT:    RET
      ;调节位设置函数
      SETKEY:     JNB    P2.0,JT             ;判断状态设置按键是否被按下
                  LJMP   SETOUT
      JT:         MOV    DATA3,#10H          ;如果被按下,延时8ms,为了消除按键抖动
                  LCALL  DELAY1MS
                  JNB    P2.0,SJ
                  LJMP   SETOUT
      SJ:         MOV    A,COUNT
                  INC    A                   ;设置按键按1次,计数变量就加1
```

```
                MOV     COUNT,A
                SETB    07H                     ;进入调整模式
JTT:            JNB     P2.0,JTT                ;等待按键弹起
SETOUT:         RET
;按键功能执行函数
KEYDONE:        JB      00H,JK                  ;如果 00H 单元为 0,则关闭时钟,停止计时
                MOV     ADDRESS,#8EH            ;写控制命令字,写入允许
                MOV     DATA1,#00H
                LCALL   WRITECLOCK
                NOP
                MOV     ADDRESS,#80H            ;读取秒寄存器里的数据
                LCALL   READCLOCK
                NOP
                MOV     TEMP,DATA2
                MOV     A,TEMP
                ORL     A,#80H
                MOV     ADDRESS,#80H            ;向秒寄存器内写入数据
                MOV     DATA1,A
                LCALL   WRITECLOCK
                NOP
                MOV     ADDRESS,#8EH            ;写控制命令字,禁止写入
                MOV     DATA1,#80H
                LCALL   WRITECLOCK
                NOP
                SETB    00H                     ;时钟是否工作标志位置 1
JK:             LCALL   SETKEY                  ;扫描设置按键
                MOV     A,COUNT
D1:             CJNE    A,#01H,D2               ;如果 COUNT=1,则调整秒
JK1:            LCALL   OUTKEY                  ;扫描跳出按键
                NOP
                LCALL   UPKEY                   ;扫描加 1 按键
                NOP
                LCALL   DOWNKEY                 ;扫描减 1 按键
                NOP
                JB      05H,LL1                 ;如果数据更新,则重新写入新的数据
                JB      06H,LL1
                LJMP    LL11
LL1:            MOV     ADDRESS,#8EH            ;写控制命令字,禁止写入
                MOV     DATA1,#00H
                LCALL   WRITECLOCK
                NOP
                MOV     A,TEMP
                ORL     A,#80H
                MOV     ADDRESS,#80H            ;向秒寄存器内写入新的秒数据
                MOV     DATA1,A
```

```
                LCALL   WRITECLOCK
                NOP
                MOV     ADDRESS,#8EH        ;写控制命令字,禁止写入
                MOV     DATA1,#80H
                LCALL   WRITECLOCK
                NOP
                CLR     05H                 ;数据更新标志位清 0
                CLR     06H
LL11:           MOV     A,5FH
                INC     A                   ;秒位闪计数位加 1
                MOV     5FH,A
                CJNE    A,#05H,LLL1         ;如果秒位闪计数位大于 4,则清 0
                MOV     5FH,#00H
LLL1:           LCALL   SHOWTIME            ;显示数据
                LCALL   DISPLAY
                MOV     A,COUNT
                CJNE    A,#02H,JJKKA        ;如果 COUNT 单元内容为 2,则继续循环
                LJMP    JK1
JJKKA:          LJMP    JJKK
D2:             CJNE    A,#02H,D3           ;如果 COUNT=2,则调整分
JK2:            MOV     5FH,#00H            ;秒位闪计数变量单元清 0
                LCALL   OUTKEY              ;扫描跳出按键
                LCALL   UPKEY               ;扫描加 1 按键
                LCALL   DOWNKEY             ;扫描减 1 按键
                JB      05H,LL2             ;如果有数据更新,则重新写入新的数据
                JB      06H,LL2
                LJMP    LL22
LL2:            MOV     ADDRESS,#8EH        ;写控制命令字,写入允许
                MOV     DATA1,#00H
                LCALL   WRITECLOCK
                NOP
                ORL     TEMP,#80H
                MOV     ADDRESS,#82H        ;写入新的分钟数据
                MOV     DATA1,TEMP
                LCALL   WRITECLOCK
                NOP
                MOV     ADDRESS,#8EH        ;写控制命令字,禁止写入
                MOV     DATA1,#80H
                LCALL   WRITECLOCK
                NOP
                CLR     05H                 ;数据更新标志位清 0
                CLR     06H
LL22:           MOV     A,5EH
                INC     A                   ;分钟位闪计数单元加 1
                MOV     5EH,A
```

```
                    CJNE    A,#05H,LLL2      ;如果分钟位闪计数位大于 4,则清 0
                    MOV     5EH,#00H
LLL2:               LCALL   SHOWTIME         ;显示数据
                    LCALL   DISPLAY
                    MOV     A,COUNT
                    CJNE    A,#03H,JJKKB     ;如果 COUNT 单元内容为 3,则继续循环
                    LJMP    JK2
JJKKB:              LJMP    JJKK             ;如果 COUNT 单元内容不为 3,则跳出循环
D3:                 CJNE    A,#03H,D4        ;如果 COUNT=3,则调整小时
JK3:                MOV     5EH,#00H         ;将分的位闪计数变量清 0
                    LCALL   OUTKEY           ;扫描跳出按键
                    LCALL   UPKEY            ;扫描加 1 按键
                    LCALL   DOWNKEY          ;扫描减 1 按键
                    JB      05H,LL3          ;如果有数据更新,则重新写入新的数据
                    JB      06H,LL3
                    LJMP    LL33
LL3:                MOV     ADDRESS,#8EH     ;写控制命令字,写入允许
                    MOV     DATA1,#00H
                    LCALL   WRITECLOCK
                    NOP
                    MOV     ADDRESS,#84H     ;写入新的小时数据
                    MOV     DATA1,TEMP
                    LCALL   WRITECLOCK
                    NOP
                    MOV     ADDRESS,#8EH     ;写控制命令字,禁止写入
                    MOV     DATA1,#80H
                    LCALL   WRITECLOCK
                    NOP
                    CLR     05H              ;数据更新标志位清 0
                    CLR     06H
LL33:               MOV     A,5DH
                    INC     A                ;将小时的位闪计数单元加 1
                    MOV     5DH,A
                    CJNE    A,#05H,LLL3      ;如果小时位闪计数位大于 4,则清 0
                    MOV     5DH,#00H
LLL3:               LCALL   SHOWTIME         ;显示数据
                    LCALL   DISPLAY
                    MOV     A,COUNT
                    CJNE    A,#04H,JJKK      ;如果 COUNT 单元内容为 3,则继续循环
                    LJMP    JK3
D4:                 CJNE    A,#04H,JJKK      ;如果 COUNT=4,则跳出调整模式,返回默认显示状态
                    MOV     COUNT,#00H
                    MOV     ADDRESS,#80H
                    LCALL   READCLOCK
                    NOP
```

```
                    MOV     SECOND,DATA2
                    MOV     ADDRESS,#8EH        ;写控制命令字,写入允许
                    MOV     DATA1,#00H
                    LCALL   WRITECLOCK
                    NOP
                    MOV     ADDRESS,#80H
                    MOV     DATA1,SECOND
                    LCALL   WRITECLOCK
                    NOP
                    MOV     ADDRESS,#8EH        ;写控制命令字,禁止写入
                    MOV     DATA1,#80H
                    LCALL   WRITECLOCK
                    NOP
                    CLR     07H                 ;操作标志变量清 0
JJKK:               RET                         ;系统初始化程序
SYSTEM_INIT:    MOV     PCON,#00H
                    MOV     SCON,#18H           ;选择串行工作方式 0
                    SETB    EA                  ;开启中断
                    CLR     ES
                    RET     ;转换显示函数
SHOWTIME:       CLR     C                       ;清进位标志位 C
                    MOV     A,5FH
                    CJNE    A,#03H,SJL          ;判断秒的位闪计数变量是否小于 3
SJL:                JNC     SJL1    ;如果小于 3,将秒的十位和个位分别存入 41H 单元和 40H 单元
                    MOV     ADDRESS,#80H
                    LCALL   READCLOCK
                    NOP
                    MOV     A,DATA2
                    ANL     A,#70H
                    SWAP    A
                    MOV     41H,A
                    MOV     A,DATA2
                    ANL     A,#0FH
                    MOV     40H,A
                    AJMP    SJK
SJL1:               MOV     40H,#20H            ;如果不小于 3,则将空格的 ASCII 码分别存入 40H
                                                 单元和 41H 单元
                    MOV     41H,#20H
SJK:                CLR     C
                    MOV     A,5EH
                    CJNE    A,#03H,SJL2         ;判断分的位闪计数变量是否小于 3
SJL2:       JNC     SJL3            ;如果小于 3,将分的十位和个位分别存入 43H 单元和 44H 单元
            MOV     ADDRESS,#82H
            LCALL   READCLOCK
            NOP
```

```
            MOV     A,DATA2
            ANL     A,#70H
            SWAP    A
            MOV     44H,A
            MOV     A,DATA2
            ANL     A,#0FH
            MOV     43H,A
            AJMP    SJK1
SJL3:       MOV     43H,#20H         ;如果不小于3,则将空格的ASCII码分别存入43H单元和
                                      44H单元
            MOV     44H,#20H
SJK1:       CLR     C
            MOV     A,5DH
            CJNE    A,#03H,SJL4      ;判断小时的位闪计数变量是否小于3
SJL4:       JNC     SJL5            ;如果小于3,将小时的十位和个位分别存入46H单元和47H单元
            MOV     ADDRESS,#84H
            LCALL   READCLOCK
            NOP
            MOV     A,DATA2
            ANL     A,#70H
            SWAP    A
            MOV     47H,A
            MOV     A,DATA2
            ANL     A,#0FH
            MOV     46H,A
            AJMP    SJK2
SJL5:       MOV     46H,#20H         ;如果不小于3,则将空格的ASCII码分别存入46H单元和
                                      47H单元
            MOV     47H,#20H
SJK2:       RET
;显示子函数
DISPLAY:    LCALL   LCDINT                  ;LCD初始化
            MOV     R1,#8                   ;共需要向LCD传送8个字节
            MOV     R0,#40H                 ;数据单元指针赋初始值
DSPL1:      MOV     A,@R0
            CJNE    A,#20H,DSPL2            ;判断该单元内的内容是否是空格的ASCII码
            LJMP    DSPL3
DSPL2:      MOV     A,#30H                  ;将该单元的数据转换成相应的ASCII码
            ADD     A,@R0
            MOV     @R0,A
DSPL3:      INC     R0
            DJNZ    R1,DSPL1                ;判断是否将所有单元的数据都转换成相应的ASCII码
            MOV     42H,#3AH                ;将":"的ASCII码存入42H单元和45H单元
            MOV     45H,#3AH
```

```
        MOV     R0,#03H              ;设定时间在 LCD 中显示的位置
        MOV     R3,#00H
        LCALL   GOTOXY
        MOV     R0,#47H              ;调用字节显示函数
        LCALL   PRINT
        MOV     DATA3,#0FFH          ;延时
        LCALL   DELAY1MS
        RET
        END
```

第 11 章

LED 阵列动态显示设计实例

通过本章的学习,了解点阵 LED 和芯片 74HC595 的工作原理,深入了解单片机的外围接口电路的应用,掌握单片机驱动点阵 LED 的硬件接口电路和软件编程,进一步熟悉单片机的指令系统,对单片机串行口的应用有了更深入的学习。

11.1 设 计 要 求

本实例主要介绍利用 51 单片机点亮 8×8 LED 点阵。LED 点阵板一般采用行线与列线相交的重合法选择格点上的发光二极管,以减少对外连接的线数,简化硬件结构。矩阵形式的二维结构在计算机硬件和软件中是一种基本的结构形式。在这些操作中,对 LED 点阵板进行编程操作产生的效果最直观,最能提起学习者的兴趣。通过本章的学习,除了能对这种二维矩阵结构获得深刻的理解外,串行扫描工作方式实现显示成像的原理和各种串行扫描技巧可以大大开拓学生的思路。

11.2 硬 件 设 计

外围电路使用了 3 只元件:一片 8×8 LED 点阵板及两只带输出锁存的 8 位移位寄存器 74HC595。74HC595 连接很简单,除了两根正、负电源线外,只有串行数据输入、移位寄存器时钟输入和存储寄存器时钟输入 3 根线,可用多种形式与单片机连接。本实例介绍在 LED 点阵板上进行帧扫描和行扫描的工作原理。作为一个应用实例,本节给出了一种字符逐行向上漂移的工作方式程序控制流程图和汇编语言源程序,并作了详细的注释。

11.2.1 74HC595 简介

本实例主要应用到了 74HC595 移位寄存器,其实物如图 11-1 所示。

74HC595 移位寄存器的特点如下:

(1) 8 位串行输入;

(2) 8 位串行或并行输出;

(3) 存储状态寄存器,3 种状态;

(4) 输出寄存器可以直接清除;

图 11-1 74HC595 移位寄存器的实物图

（5）100 MHz 的移位频率；

（6）工作电压 2～6 V；

（7）很短的传递延迟时间，可支持高速串行连接；

（8）强化的平行输出端的灌电流；

（9）增强的静电防护能力（ESD）。

74HC595 使用说明：74HC595 是一个 8 位串行输入、并行输出的移位寄存器，并行输出为三态输出。在 SCK 的上升沿，串行数据由 SDI 输入到内部的 8 位移位缓存器，并由 Q7′输出。而并行输出，则是在 LCK 的上升沿，将在 8 位位移缓存器的数据存入 8 位并行输出缓存器。当 $\overline{OE}$ 的控制信号为低电平时，并行输出端的输出值等于并行输出缓存器所存储的值；当 $\overline{OE}$ 的控制信号为高电位时，也就是输出关闭时，并行输出端会维持在高阻抗状态。

74HC595 引脚说明如表 11-1 所示，74HC595 功能表如表 11-2 所示。

表 11-1 74HC595 引脚说明

符 号	引 脚	描 述	符 号	引 脚	描 述
Q0～Q7	15、1、7	并行数据输出	STCP	12	存储寄存器时钟输入
GND	8	地	$\overline{OE}$	13	输出有效（低电平）
Q7′	9	串行数据输出	DS	14	串行数据输入
$\overline{MR}$	10	主复位（低电平）	VCC	16	电源
SHCP	11	移位寄存器时钟输入			

表 11-2 74HC595 功能表

输　　入					输　出		功　　能
SHCP	STCP	$\overline{OE}$	$\overline{MR}$	DS	Q7′	Qn	
×	×	L	↓	×	L	NC	MR 为低电平时仅仅影响移位寄存器
×	↑	L	L	×	L	L	空移位寄存器到输出寄存器
×	×	H	×	×	L	Z	清空移位寄存器，并行输出为高阻状态
↑	×	L	H	H	Q6′	NC	逻辑高电平移入移位寄存器状态 0，包含所有的移位寄存器状态移入，例如，以前的状态 6（内部 Q6′）出现在串行输出位
×	↑	L	H	×	NC	Qn′	移位寄存器的内容到达保持寄存器并从并口输出
↑	↑	L	H	×	Q6′	Qn′	移位寄存器内容移入，先前的移位寄存器的内容到达保持寄存器并输出

注：H—高电平状态，L—低电平状态，↑—上升沿，↓—下降沿，Z—高阻，NC—无变化，×—无效。

当 $\overline{MR}$ 为高电平、$\overline{OE}$ 为低电平时，数据在 SHCP 上升沿进入移位寄存器，在 STCP 上升沿输出到并行端口。

　　74HC595 移位寄存器是由 D 触发器构成的,其具体的实现过程在数字电路中已经详细讲解,这里只给出其内部的功能方框图,如图 11-2 所示。74HC595 的时序图如图 11-3 所示。

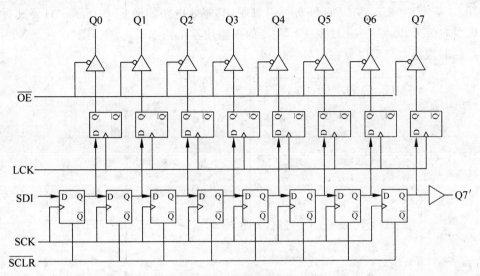

图 11-2　功能方框图

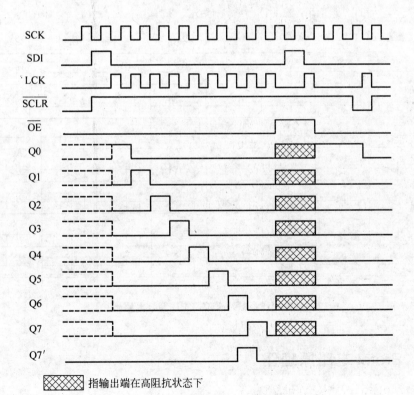

▨ 指输出端在高阻抗状态下

图 11-3　74HC595 的时序图

11.2.2　点阵 LED 简介

图 11-4 为 8×8 点阵 LED 外观及引脚图,其等效电路如图 11-5 所示。只要其对应的 x、y 轴顺向偏压,即可使 LED 发亮。例如如果想使左上角 LED 点亮,则 Y0＝1、X0＝0 即可。应用时限流电阻可以放在 x 轴或 y 轴。

```
0  D  F  3  A  1  G  H

8×8 点阵焊接面引脚

2  5  E  7  C  B  6  4
```

图 11-4　8×8 点阵 LED 外观及引脚图

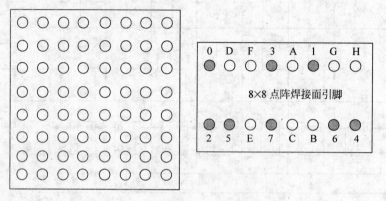

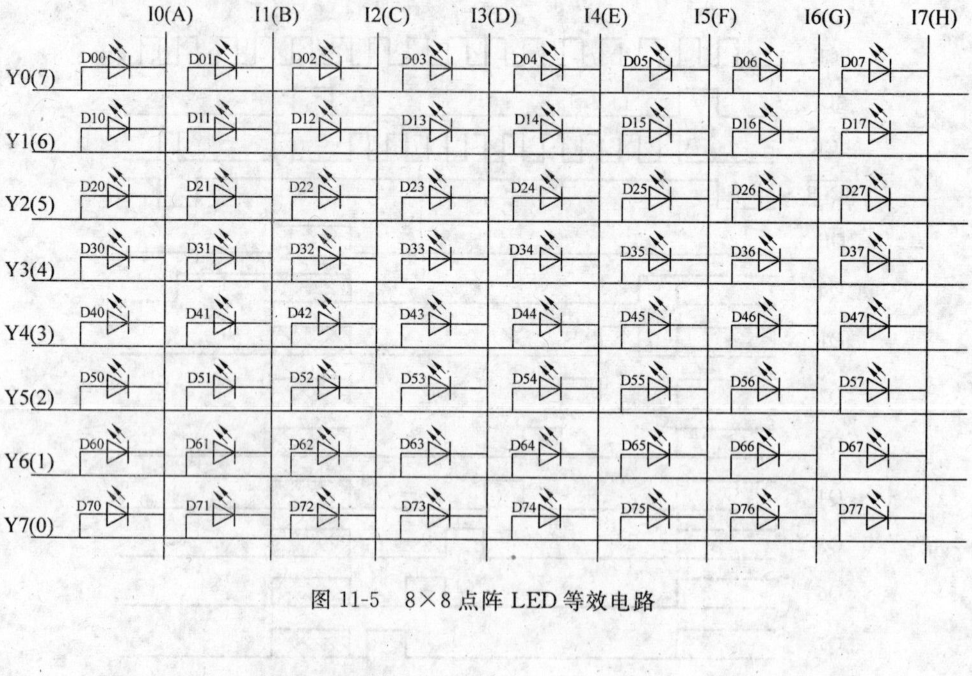

图 11-5　8×8 点阵 LED 等效电路

11.2.3　Protel 电路原理图

LED 阵列动态显示设计原理图如图 11-6 所示。

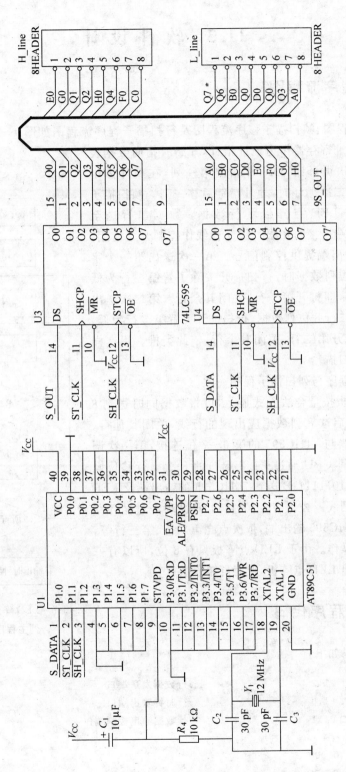

图 11-6　LED 阵列动态显示设计实例电路图

11.3　软 件 设 计

11.3.1　程序流程图

　　主程序流程图、帧扫描子程序流程图及行扫描子程序流程图如图 11-7～图 11-9 所示。使用 DPTR 地址寄存器作为地址指针，开始时指向数据表首地址。第一次循环时，DPTR 指向第一列，在循环体中 DPTR 加 1；第二次循环时，地址指针后移一列。帧扫描子程序每次扫描 LED 点阵板 8 行数据。数据串行送至 74HC595 输出端连接的 8 根列线。行线作控制开关使用，由 74HC595 输出端提供控制信号。第一次送出第一个字符最上一行 8 位列数据时，行扫描开关除了置第一行为低外，其余行置高，即打开第一行，关闭其余行。第二次送出第一个字符第二行 8 位列数据，行扫描开关置第二行为低，其余行置高，打开第二行，关闭其余行，依此类推。用这样方式完成一帧扫描。

　　行扫描子程序与列扫描子程序一致。

　　LED 点阵板按重合法方式显示，可将数据同时送到 8 条列线，然后开启这 8 列数据应出现的行线，关闭其他行。由于有 8 根行线与 74HC595 的第 0～7 位连接，第一次调用字扫描子程序，CPU 通过 P1.2 端口的 8 次串行移位操作，将控制字 #10111111B 送到 74HC595 的输出端及 LED 点阵板的 8 根列线。控制字 #10111111B 循环经过循环移位后发送至 74HC595 输出端，依次点亮第二行、第三行等，实现了帧扫描操作。由于 LED 点阵板只有 8 位，所以有一次操作将 0 移出 LED 点阵板，此时屏幕全关。

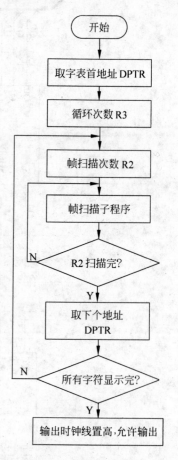

图 11-7　LED 阵列动态显示设计实例主程序流程图

11.3.2　源程序代码

　　源程序代码如下：

```
P_DATA  BIT P1.2              ;行数据发送端口
P_CLK   BIT P1.0              ;行时钟输出端口
P_CS    BIT P1.1              ;行数据输出控制端口


        ORG    0000H
        AJMP   START
```

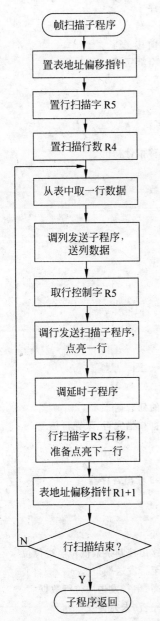

图 11-8　帧扫描子程序流程图

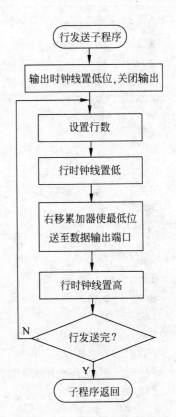

图 11-9　行扫描子程序流程图

```
        ORG     0060H
START:
        MOV     DPTR, #POINT_TAB        ;置表首地址
        MOV     R3, #35                 ;比要显示的总字节数少 7


P_WORD_MOVE:
        MOV     R2, #30                 ;每个字符循环扫描的次数,决定显示移动速度
P_SCAN_DEGREE:
```

```
        ACALL    P_WORD_SCAN              ;调帧扫描程序
        DJNZ     R2, P_SCAN_DEGREE        ;反复扫描同一帧
        INC      DPTR                     ;帧数据地址前移一行
        DJNZ     R3, P_WORD_MOVE          ;扫描一场的全部字符
        AJMP     START


P_WORD_SCAN:

        MOV      R1, #00H                 ;置表地址偏移指针初值
        MOV      R5, #0xfe                ;置行扫描字
        MOV      R4, #08                  ;置行扫描次数


P_NEXT_BIT:
        MOV      A, R1
        MOVC     A, @A+DPTR               ;取一个列数据
        ACALL P_COL_SEND                  ;发送列数据
        MOV      A,R5                     ;取行扫描字
        ACALL P_ROW_SEND                  ;显示一行
        ACALL    DELAY                    ;维持点亮一行
        MOV      A,R5
        RR       A                        ;扫描字指向下一行
        MOV      R5, A
        INC      R1                       ;指向下一行的列数据
        DJNZ     R4, P_NEXT_BIT           ;一帧7行数据扫描完否?未完再扫
        RET
P_COL_SEND:
        CLR      P_CS                     ;关闭74HC595输出寄存器
        MOV      R0,#08H                  ;置行计数值
P_COL_NEXTBIT:
        CLR      P_CLK                    ;行时钟线置低
        RRC      A                        ;带进位循环移出控制字最低位至进位位
        MOV      P_DATA,C                 ;送一位数据至行发送端口
        SETB     P_CLK                    ;行时钟线置高,串行发送一位行数据
        DJNZ     R0,P_ROW_NEXTBIT         ;一行数据发完否?未完再发
        RET


P_ROW_SEND:
        CLR      P_CS                     ;关闭74HC595输出寄存器
        MOV      R0,#08H                  ;置行计数值
P_ROW_NEXTBIT:
        CLR      P_CLK                    ;行时钟线置低
        RRC      A                        ;带进位循环移出控制字最低位至进位位
        MOV      P_DATA,C                 ;送一位数据至行发送端口
SETB P_CLK                                ;行时钟线置高,串行发送一位行数据
        DJNZ     R0,P_ROW_NEXTBIT         ;一行数据发完否?未完再发
```

```
        RET

        SETB    P_CS                    ;开启 74HC595 输出寄存器
DELAY:
        MOV     R7,#30
DELAY_LOOP:
        MOV     R6,#30
        DJNZ    R6,$
        DJNZ    R7,DELAY_LOOP
        RET


POINT_TAB:
        DB      0x00,0x00,0x3E,0x41,0x41,0x3E,0x00,0x00        ;0
        DB      0x00,0x00,0x42,0x7F,0x40,0x00,0x00,0x00        ;1
        DB      0x00,0x00,0x62,0x51,0x49,0x46,0x00,0x00        ;2
        DB      0x00,0x00,0x22,0x49,0x49,0x36,0x00,0x00        ;3
        DB      0x00,0x00,0x38,0x26,0x7F,0x20,0x00,0x00        ;4
        DB      0x00,0x00,0x4F,0x49,0x49,0x31,0x00,0x00        ;5
        DB      0x00,0x00,0x3E,0x49,0x49,0x32,0x00,0x00        ;6
        DB      0x00,0x00,0x03,0x71,0x09,0x07,0x00,0x00        ;7
        DB      0x00,0x00,0x36,0x49,0x49,0x36,0x00,0x00        ;8
        DB      0x00,0x00,0x26,0x49,0x49,0x3E,0x00,0x00        ;9
    END
```

第 **12** 章

数字温度计设计实例

通过本章的学习,了解温度芯片 DS18B20 及一线式总线的原理和应用方法,认识单片机与外围芯片的接口(包括硬件连接与软件通信)方法。加强指令系统的学习,为以后进行单片机系统自行设计奠定基础。

12.1 设 计 要 求

在日常生活和生产中,经常会用温度计检测温度,传统的温度计常利用热电阻和热电偶的测温原理,具有一定的缺点。本例中是通过温度芯片 DS18B20 进行温度数据采集,使用单片机 AT89C51 进行数据处理,通过三位数码管采用串行方式显示,被检测的温度范围是 0~99.9℃,检测精度为±0.5℃。利用此原理所设计的数字温度计广泛应用于人们的工作、科研、生活中。本例设计的数字温度计与传统的温度计相比,具有测温准确、读数方便等优点。

12.2 硬 件 设 计

本系统设计中采用 AT89C51 单片机作为系统的控制中心,采用集成的温度芯片 DS18B20 测量环境温度,采用数码管串行静态显示方式显示所测得的温度值,利用 74HC595 对数码管进行驱动。按照系统设计功能的要求,系统整体包含 3 个模块:主控制器、测温电路和显示电路。数字温度计的总设计框图如图 12-1 所示。

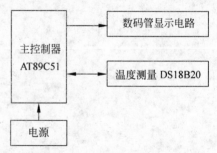

图 12-1　数字温度计总体结构框图

12.2.1　温度芯片 DS18B20 的介绍

DS18B20 是美国 DALLAS 公司继 DS1820 之后推出的增强型单总线数字温度传感器,它在测温精度、转换时间、传输距离、分辨率等方面较 DS1820 有了很大的改进,这给用户带来了更方便的使用效果。其特点如下:

(1) 独特的单线接口方式,DS18B20 在与微处理器连接时仅需要一条口线即可实现微处理器与 DS18B20 的双向通信。

(2) 由总线提供电源,也可用数据线供电,电压范围为 3.0~5.5 V。

(3) 测温范围为 -55~+125℃。在 -10~+85℃时,精度为 0.5℃。

(4) 可编程的分辨率为 9~12 位,对应的分辨率为 0.5~0.0625℃。

（5）用户可定义报警设置。

（6）12 位分辨率时最多在 750 ms 内把温度值转换为数字量。

（7）每个芯片都有唯一编码，多个 DS18B20 芯片可以并联在一根总线上，故可实现多点测温。

DS18B20 的测温原理为：内部计数器对一个受温度影响的振荡器的脉冲计数，低温时振荡器的脉冲可以通过门电路，而当到达某一设置高温时，振荡器的脉冲无法通过门电路。计数器设置为 −55℃ 时的值，如果计数器到达 0 之前门电路未关闭，则温度寄存器的值将增加，这表示当前温度高于 −55℃。同时，计数器复位在当前温度值上，电路对振荡器的温度系数进行补偿，计数器重新开始计数直到回零。如果门电路仍然未关闭，则重复以上过程。温度转换所需时间不超过 750 ms，得到的温度值的位数因分辨率不同而不同。DS18B20 与 AT89C51 单片机的接口电路如图 12-2 所示。这种接口方式只需占用单片机一根口线，与智能仪器或智能测控系统中的其他单片机或 DSP 的接口也可采用类似的方式。

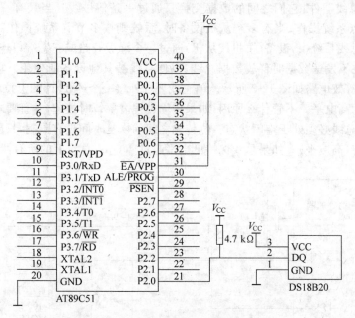

图 12-2　DS18B20 与单片机的接口电路

根据 DS18B20 的通信协议，用主 CPU 控制 DS18B20 以完成温度转换必须经过 3 个步骤：每一次读写之前都要对 DS18B20 进行复位，复位成功后发送一条 ROM 指令，最后发送 RAM 指令，这样才能对 DS18B20 进行预定的操作。每一步操作必须严格按照时序规定进行。DS18B20 的工作时序包括初始化时序、写时序和读时序。

（1）DS18B20 的复位时序

主机控制 DS18B20 完成温度转换时，在每一次读写之前，都要对 DS18B20 进行复位，而且该复位要求主 CPU 要将数据线下拉约 500 μs，然后释放。DS18B20 收到信号后将等待 16～60 μs，之后再发出 60～240 μs 的低脉冲，主 CPU 收到此信号即表示复位成功。

（2）DS18B20 的读时序

对于 DS18B20 的读时序分为读 0 时序和读 1 时序两个过程。DS18B20 的读时序是从主 CPU 把单总线拉低之后，在 15 μs 之内就得释放单总线，从而让 DS18B20 把数据传输到单总线上。DS18B20 完成一个读时序过程至少需要 60 μs。

（3）DS18B20 的写时序

对于 DS18B20 的写时序仍然分为写 0 时序和写 1 时序两个过程。DS18B20 写 0 时序和写 1 时序的要求不同。写 0 时序时，单总线要被拉低至少 60 μs，保证 DS18B20 能够在 15~45 μs 之间正确地采样 I/O 总线上的 0 电平；当要写 1 时序时，单总线被拉低之后，在 15 μs 之内就得释放单总线。

12.2.2　一线式总线的概念

一线式总线，又称单总线，采用一条信号线，既传输时钟信号，又传输数据，并且数据的传输是双向的。具有线路简单，节省 I/O 口线资源，成本低廉，便于总线扩展和维护等优点。

一线式总线适用于单主机系统，能够控制一个或多个从机设备。主机可以是微控制器，从机可以是单总线器件，它们之间的数据交换只通过一条信号线。当只有一个从机设备时，系统可按单节点系统操作；当有多个从机设备时，系统则按多节点系统操作。

在一线式总线系统中，设备（主机或从机）通过一个漏极开路或三态端口连接至该数据线，这样允许设备在不发送数据时释放数据总线，以便总线被其他设备所使用。单总线端口为漏极开路，其内部等效电路如图 12-3 所示。单总线要求外接一个约 5 kΩ 的上拉电阻，这样，单总线的闲置状态为高电平。不管什么原因，如果传输过程需要暂时挂起，并且要求传输过程还能够继续的话，则总线必须处于空闲状态。位传输之间的恢复时间没有限制，只要总线在恢复期间处于空闲状态（高电平）。如果总线保持低电平超过 480 μs，总线上的所有器件将复位。

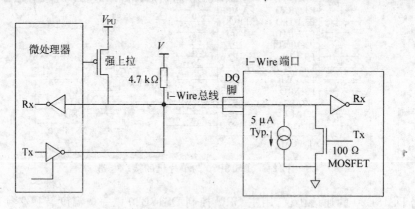

图 12-3　内部等效电路
Rx—接收；Tx—发送

12.2.3　硬件总体设计电路图

本实例中采用 AT89C51 作为微控制器，以 DS18B20 作为温度芯片，DS18B20 与 AT89C51 之间采用单总线连接，实现一个温度检测系统。该系统采用 3 个数码管串行显示，其中数码管 DS1 用于显示温度的十位数据，数码管 DS2 用于显示温度的个位数据，数码管 DS3 用于显示温度的小数位数据。利用 74HC595 芯片驱动数码管显示相应的数据。该系统的硬件总体电路如图 12-4 所示。

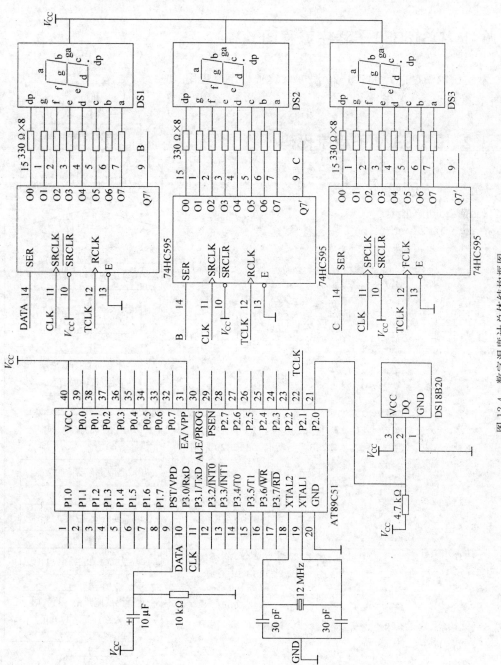

图 12-4　数字温度计总体结构框图

12.3　软 件 设 计

12.3.1　DS18B20 子程序流程图

本实例的温度芯片 DS18B20 温度采集子程序流程图
如图 12-5 所示。

12.3.2　DS18B20 子程序代码

DS18B20 子程序代码如下：

```
;DS18B20初始化函数
INIT_DS18B20: SETB  DQ         ;将 DQ 置 1
              NOP
              CLR   DQ         ;主机发出延时复位低脉冲
              MOV   R1,#3
INITS0:       MOV   R0,#06BH   ;延时
INITS1:       DJNZ  R0,INITS1
              DJNZ  R1,INITS0
              SETB  DQ
              NOP
              NOP
              NOP
              MOV   R0,#25H
INITS2:       JNB   DQ,INITS3  ;等待 DS18B20 回应
              DJNZ  R0,INITS2
              LJMP  INITS4
INITS3:       SETB  FLAG1      ;置标志位,表示
                                DS18B20 存在
              LJMP  INITS5
INITS4:       CLR   FLAG1      ;清标志位,表示
                                DS18B20 不存在
              LJMP  INITS7
INITS5:       MOV   R0,#6BH
INITS6:       DJNZ  R0,INITS6  ;延时
INITS7:       SETB  DQ
              RET
;DS18B20读一个字节
READ_DS18B20: MOV   R0,#08H
              MOV   A,#00H
RRS1:         CLR   C          ;清进位标志位
              SETB  DQ         ;将 DQ 置 1
```

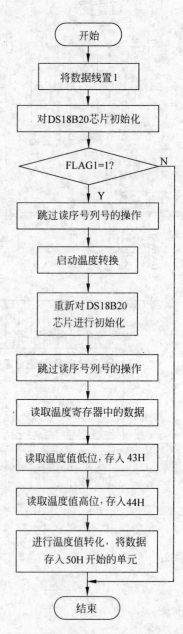

图 12-5　温度采集子程序流程图

（流程图文字）
开始
将数据线置1
对DS18B20芯片初始化
FLAG1=1?　　N
Y
跳过读序号列号的操作
启动温度转换
重新对DS18B20芯片进行初始化
跳过读序号列号的操作
读取温度寄存器中的数据
读取温度值低位,存入 43H
读取温度值高位,存入 44H
进行温度值转化,将数据存入50H开始的单元
结束

```
                    NOP
                    NOP
                    CLR     DQ                  ;将单总线 DQ 拉低
                    NOP
                    NOP
                    NOP
                    SETB    DQ                  ;将 DQ 重新置位
                    MOV     R3,#7
RRRS1:              DJNZ    R3,RRRS1            ;延时
                    MOV     C,DQ                ;将数据线上的数据传到进位标志位中
                    MOV     R3,#23
RRS2:               DJNZ    R3,RRS2            ;延时
                    RRC     A                   ;循环右移一位
                    DJNZ    R0,RRS1            ;判断是否读取完一个字节
                    RET
;DS18B20 写一个字节
WRITE_DS18B20:      MOV     R0,#08H
                    CLR     C
WS1:                CLR     DQ
                    MOV     R1,#6
WS2:                DJNZ    R1,WS2             ;延时
                    RRC     A                   ;循环右移一位
                    MOV     DQ,C
                    MOV     R1,#23
WS3:                DJNZ    R1,WS3             ;延时
                    SETB    DQ                  ;给脉冲信号
                    NOP
                    DJNZ    R0,WS1             ;判断是否写完一个字节
                    SETB    DQ
                    RET
;读取 DS18B20 当前温度
READTEMP:           SETB    DQ
                    LCALL   INIT_DS18B20       ;DS18B20 芯片初始化
                    JB      FLAG1,RDS1         ;判断是否初始化成功
                    RET
RDS1:               MOV     A,#0CCH            ;跳过读序号列号的操作
                    LCALL   WRITE_DS18B20
                    MOV     A,#44H              ;启动温度转换
                    LCALL   WRITE_DS18B20
                    LCALL   INIT_DS18B20       ;重新对 DS18B20 芯片初始化
RDS2:               MOV     A,#0CCH            ;跳过读序号列号的操作
                    LCALL   WRITE_DS18B20
                    MOV     A,#0BEH            ;读取温度寄存器中的数据,前两个数据就是所要的温度
                    LCALL   WRITE_DS18B20
                    LCALL   READ_DS18B20       ;读取温度值低位
```

```
        MOV     43H,A
        LCALL   READ_DS18B20     ;读取温度值高位
        MOV     44H,A
        MOV     A,44H
        ANL     A,#0FH           ;取高 8 位中后 4 位数的值
        SWAP    A
        MOV     TEMP_INT,A
        MOV     A,43H
        ANL     A,#0F0H
        SWAP    A
        ADD     A,TEMP_INT       ;低 8 位的高 4 位值加上高 8 位的后 4 位数的值是温度整数值
        MOV     B,#10            ;将温度值的整数位转换成十进制数据
        DIV     AB
        MOV     52H,A            ;将十位存入 52H 单元
        MOV     51H,B            ;将个位存入 51H 单元
        MOV     A,43H
        ANL     A,#0FH           ;小数数据
        MOV     B,#5     ;将小数的值×0.0625×10,为了避
                                 免小数计算所以将小数的值×5/8
        MUL     AB
        MOV     B,#8
        DIV     AB
        MOV     50H,A            ;将小数位存入 50H 单元
        RET
```

12.3.3　数码管串行方式显示子程序流程图

数码管串行方式显示子程序流程图如图 12-6 所示。

12.3.4　数码管串行方式显示子程序代码

数码管串行方式显示子程序代码如下:

```
;显示子程序
DISPLAY:
        CLR     TCLK             ;将锁存器的时钟引脚清 0
        MOV     DPTR,#TABLE
        MOV     A,50H            ;取小数位数据
        MOVC    A,@A+DPTR        ;查表,取对应的段码值
        MOV     SBUF,A           ;串行输出
DA1:    JNB     TI,DA1           ;发送完了吗
        CLR     TI               ;复位发送结束标志
        MOV     DPTR,#TABLE1
        MOV     A,51H            ;取个位数据
```

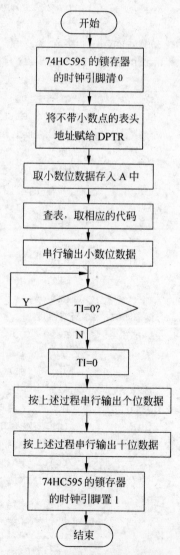

图 12-6　显示子程序流程图

```
          MOVC  A,@A+DPTR        ;查表,取对应的段码值
          MOV   SBUF,A           ;串行输出
DA2:      JNB   TI,DA2           ;发送完了吗
          CLR   TI               ;复位发送结束标志
          MOV   DPTR,#TABLE
          MOV   A,52H            ;取十位数据
          MOVC  A,@A+DPTR        ;查表,取对应的段码值
          MOV   SBUF,A           ;串行输出
DA3:      JNB   TI,DA3           ;发送完了吗
          CLR   TI               ;复位发送结束标志
          SETB  TCLK             ;将锁存器的时钟引脚置 1
          RET
TABLE:    DB 0C0H,0F9H,0A4H,0B0H,99H,92H,82H,0F8H,80H,90H
;0~9 数码管显示段码值,共阳极
TABLE1:   DB 40H,79H,24H,30H,19H,12H,02H,78H,00H,10H
;带小数点的 0~9 数码管显示段码值,共阳极
```

12.3.5　主函数软件流程图

本实例主程序流程图如图 12-7 所示。

12.3.6　整体源程序代码

整体源程序代码如下:

```
DQ        BIT   P2.0             ;DS18B20 的数据端
TCLK      BIT   P2.1             ;74HC595 芯片的传输使能引脚
TEMP_INT  EQU   40H              ;温度值整数单元
TEMP_FL   EQU   41H              ;温度值小数单元
FLAG1     EQU   01H              ;是否检测到 DS18B20 的标志位
          ORG   0000H
          LJMP  MAIN
          ORG   0060H
MAIN:     LCALL INIT_DS18B20     ;初始化温度芯片
          NOP
          NOP
          MOV   SCON,#18H        ;选择串行工作方式 0
          MOV   PCON,#00H        ;SMOD 位为 0
          SETB  EA               ;开中断
          CLR   ES
WH:       LCALL READTEMP         ;开启温度采集并转化程序
          LCALL DISPLAY          ;调用显示函数
          MOV   R3,#0BH
DDDS:     LCALL DELAYMS          ;延时
          DJNZ  R3,DDDS
```

图 12-7　主程序流程图

```
                LJMP    WH
        DISPLAY:
                CLR     TCLK                ;将锁存器的时钟引脚清 0
                MOV     DPTR,#TABLE
                MOV     A,50H               ;取小数位数据
                MOVC    A,@A+DPTR           ;查表,取对应的段码值
                MOV     SBUF,A              ;串行输出
        DA1:    JNB     TI,DA1              ;发送完了吗
                CLR     TI                  ;复位发送结束标志
                MOV     DPTR,#TABLE1
                MOV     A,51H               ;取个位数据
                MOVC    A,@A+DPTR           ;查表,取对应的段码值
                MOV     SBUF,A              ;串行输出
        DA2:    JNB     TI,DA2              ;发送完了吗
                CLR     TI                  ;复位发送结束标志
                MOV     DPTR,#TABLE
                MOV     A,52H               ;取十位数据
                MOVC    A,@A+DPTR           ;查表,取对应的段码值
                MOV     SBUF,A              ;串行输出
        DA3:    JNB     TI,DA3              ;发送完了吗
                CLR     TI                  ;复位发送结束标志
                SETB    TCLK                ;将锁存器的时钟引脚置 1
                RET
TABLE:DB 0C0H,0F9H,0A4H,0B0H,99H,92H,82H,0F8H,80H,90H
;0~9 数码管显示段码值,共阳极
TABLE1:DB 40H,79H,24H,30H,19H,12H,02H,78H,00H,10H
;带小数点的 0~9 数码管显示段码值,共阳极
;显示延时子程序
DELAYMS:        PUSH    PSW
                MOV     R7,#0FFH            ;显示延时
DEL1:           MOV     R6,#248
DEL2:           DJNZ    R6,DEL2
                DJNZ    R7,DEL1
                POP     PSW
                RET
;DS18B20 初始化函数
INIT_DS18B20:   SETB    DQ                  ;将 DQ 置 1
                NOP
                CLR     DQ                  ;主机发出延时复位低脉冲
                MOV     R1,#3
INITS0:         MOV     R0,#06BH            ;延时
INITS1:         DJNZ    R0,INITS1
                DJNZ    R1,INITS0
                SETB    DQ
                NOP
                NOP
                NOP
```

```
                MOV     R0,#25H
INITS2:         JNB     DQ,INITS3           ;等待 DS18B20 回应
                DJNZ    R0,INITS2
                LJMP    INITS4
INITS3:         SETB    FLAG1               ;置标志位,表示 DS18B20 存在
                LJMP    INITS5
INITS4:         CLR     FLAG1               ;清标志位,表示 DS18B20 不存在
                LJMP    INITS7
INITS5:         MOV     R0,#6BH
INITS6:         DJNZ    R0,INITS6           ;延时
INITS7:         SETB    DQ
                RET
;DS18B20 读一个字节
READ_DS18B20:   MOV     R0,#08H
                MOV     A,#00H
RRS1:           CLR     C                   ;清进位标志位
                SETB    DQ                  ;将 DQ 置 1
                NOP
                NOP
                CLR     DQ                  ;将单总线 DQ 拉低
                NOP
                NOP
                NOP
                SETB    DQ                  ;将 DQ 重新置位
                MOV     R3,#7
RRRS1:          DJNZ    R3,RRRS1            ;延时
                MOV     C,DQ                ;将数据线上的数据传到进位标志位中
                MOV     R3,#23
RRS2:           DJNZ    R3,RRS2            ;延时
                RRC     A                   ;循环右移一位
                DJNZ    R0,RRS1             ;判断是否读取完一个字节
                RET
;DS18B20 写一个字节
WRITE_DS18B20:  MOV     R0,#08H
                CLR     C
WS1:            CLR     DQ
                MOV     R1,#6
WS2:            DJNZ    R1,WS2             ;延时
                RRC     A                   ;循环右移一位
                MOV     DQ,C
                MOV     R1,#23
WS3:            DJNZ    R1,WS3             ;延时
                SETB    DQ                  ;给脉冲信号
                NOP
                DJNZ    R0,WS1             ;判断是否写完一个字节
                SETB    DQ
                RET
```

```
;读取 DS18B20 当前温度
READTEMP:       SETB    DQ
                LCALL   INIT_DS18B20        ;DS18B20 芯片初始化
                JB      FLAG1,RDS1          ;判断是否初始化成功
                RET
RDS1:           MOV     A,#0CCH             ;跳过读序号列号的操作
                LCALL   WRITE_DS18B20
                MOV     A,#44H              ;启动温度转换
                LCALL   WRITE_DS18B20
                LCALL   INIT_DS18B20        ;重新对 DS18B20 芯片初始化
RDS2:           MOV     A,#0CCH             ;跳过读序号列号的操作
                LCALL   WRITE_DS18B20
                MOV     A,#0BEH             ;读取温度寄存器中的数据,前两个数据就是所要
                                             的温度
                LCALL   WRITE_DS18B20
                LCALL   READ_DS18B20        ;读取温度值低位
                MOV     43H,A
                LCALL   READ_DS18B20        ;读取温度值高位
                MOV     44H,A
                MOV     A,44H
                ANL     A,#0FH              ;取高 8 位中后 4 位数的值
                SWAP    A
                MOV     TEMP_INT,A
                MOV     A,43H
                ANL     A,#0F0H
                SWAP    A
                ADD     A,TEMP_INT          ;低 8 位的高 4 位值加上高 8 位的后 4 位数的值是
                                             温度整数值
                MOV     B,#10               ;将温度值的整数位转换成十进制数据
                DIV     AB
                MOV     52H,A               ;将十位存入 52H 单元
                MOV     51H,B               ;将个位存入 51H 单元
                MOV     A,43H
                ANL     A,#0FH              ;小数数据
                MOV     B,#5                ;将小数的值×0.0625×10,为了避免小数计算所
                                             以将小数的值×5/8
                MUL     AB
                MOV     B,#8
                DIV     AB
                MOV     50H,A               ;将小数位存入 50H 单元
                RET
                END
```

MCS-51 系列单片机汇编指令表

表 A-1　数据传送指令

助 记 符	功 能 说 明	字节数	时钟周期
MOV A,Rn	A←(Rn)	1	12
MOV A,direct	A←(direct)	2	12
MOV A,@Ri	A←((Ri))	1	12
MOV A,#data	A←data	2	12
MOV Rn,A	Rn←(A)	1	12
MOV Rn,direct	Rn←(direct)	2	24
MOV Rn,#data	Rn←data	2	12
MOV direct,A	direct←(A)	2	12
MOV direct,Rn	direct←(Rn)	2	24
MOV direct2,direct1	direct2←(direct1)	3	24
MOV direct,@Ri	direct←((Ri))	2	24
MOV direct,#data	direct←data	3	24
MOV @Ri,A	(Ri)←(A)	1	12
MOV @Ri,direct	(Ri)←(direct)	2	24
MOV @Ri,#data	(Ri)←data	2	12
MOV DPTR,#data16	DPTR←data16	3	24
MOVC A,@A+DPTR	A←((A)+(DPTR))	1	24
MOVC A,@A+PC	PC←(PC)+1,A←((A)+(PC))	1	24
MOVX A,@Ri	A←((Ri))	1	24
MOVX A,@DPTR	A←((DPTR))	1	24
MOVX @Ri,A	(Ri)←(A)	1	24
MOVX @DPTR,A	(DPTR)←(A)	1	24
PUSH direct	SP←(SP)+1,(SP)←(direct)	2	24
POP direct	direct←(SP),SP←(SP)−1	2	24
XCH A,Rn	(A)与(Rn)交换	1	12
XCH A,direct	(A)与(direct)交换	2	12
XCH A,@Ri	(A)与((Ri))交换	1	12
XCHD A,@Ri	$(A)_{3\sim0}$ 与 $((Ri))_{3\sim0}$ 交换	1	12
SWAP A	$(A)_{3\sim0}$ 与 $(A)_{7\sim4}$ 交换	1	12

表 A-2 算术运算指令

助 记 符	功 能 说 明	字节数	时钟周期
ADD A,Rn	A←(A)+(Rn)	1	12
ADD A,direct	A←(A)+(direct)	2	12
ADD A,@Ri	A←(A)+((Ri))	1	12
ADD A,#data	A←(A)+data	2	12
ADDC A,Rn	A←(A)+(Rn)+(C)	1	12
ADDC A,direct	A←(A)+(direct)+(C)	2	12
ADDC A,@Ri	A←(A)+((Ri))+(C)	1	12
ADDC A,#data	A←(A)+data+(C)	2	12
SUBB A,Rn	A←(A)-(Rn)-(C)	1	12
SUBB A,direct	A←(A)-(direct)-(C)	2	12
SUBB A,@Ri	A←(A)-((Ri))-(C)	1	12
SUBB A,#data	A←(A)-data-(C)	2	12
INC A	A←(A)+1	1	12
INC Rn	Rn←(Rn)+1	1	12
INC direct	direct←(direct)+1	2	12
INC @Ri	(Ri)←((Ri))+1	1	12
INC DPTR	DPTR←(DPTR)+1	1	24
DEC A	A←(A)-1	1	12
DEC Rn	Rn←(Rn)-1	1	12
DEC direct	direct←(direct)-1	2	12
DEC @Ri	(Ri)←((Ri))-1	1	12
MUL AB	BA←(A)×(B)	1	48
DIV AB	A(商)B(余数)←(A)/(B)	1	48
DA A	对 A 进行 BCD 调整	1	12

表 A-3　逻辑运算指令

助 记 符	功 能 说 明	字节数	时钟周期
ANL A,Rn	$A \leftarrow (A) \wedge (Rn)$	1	12
ANL A,direct	$A \leftarrow (A) \wedge (direct)$	2	12
ANL A,@Ri	$A \leftarrow (A) \wedge ((Ri))$	1	12
ANL A,#data	$A \leftarrow (A) \wedge data$	2	12
ANL direct,A	$direct \leftarrow (direct) \wedge (A)$	2	12
ANL direct,#data	$direct \leftarrow (direct) \wedge data$	3	24
ORL A,Rn	$A \leftarrow (A) \vee (Rn)$	1	12
ORL A,direct	$A \leftarrow (A) \vee (direct)$	2	12
ORL A,@Ri	$A \leftarrow (A) \vee ((Ri))$	1	12
ORL A,#data	$A \leftarrow (A) \vee data$	2	12
ORL direct,A	$direct \leftarrow (direct) \vee (A)$	2	12
ORL direct,#data	$direct \leftarrow (direct) \vee data$	3	24
XRL A,Rn	$A \leftarrow (A) \oplus (Rn)$	1	12
XRL A,direct	$A \leftarrow (A) \oplus (direct)$	2	12
XRL A,@Ri	$A \leftarrow (A) \oplus ((Ri))$	1	12
XRL A,#data	$A \leftarrow (A) \oplus data$	2	12
XRL direct,A	$direct \leftarrow (direct) \oplus (A)$	2	12
XRL direct,#data	$direct \leftarrow (direct) \oplus data$	3	24
CLR A	$A \leftarrow 0$	1	12
CPL A	$A \leftarrow \overline{(A)}$	1	12
RL A		1	12
RLC A		1	12
RR A		1	12
RRC A		1	12

表 A-4　控制转移指令

助　记　符	功　能　说　明	字节数	时钟周期
ACALL addr11	$PC\leftarrow(PC)+2$ $SP\leftarrow(SP)+1,(SP)\leftarrow(PC_{7\sim0})$ $SP\leftarrow(SP)+1,(SP)\leftarrow(PC_{15\sim8})$ $PC_{10\sim0}\leftarrow addr11$	2	24
LCALL addr16	$PC\leftarrow(PC)+3$ $SP\leftarrow(SP)+1,(SP)\leftarrow(PC_{7\sim0})$ $SP\leftarrow(SP)+1,(SP)\leftarrow(PC_{15\sim8})$ $PC\leftarrow addr16$	3	24
RET	$PC_{15\sim8}\leftarrow((SP)),SP\leftarrow(SP)-1$ $PC_{7\sim0}\leftarrow((SP)),SP\leftarrow(SP)-1$	1	24
RETI	$PC_{15\sim8}\leftarrow((SP)),SP\leftarrow(SP)-1$ $PC_{7\sim0}\leftarrow((SP)),SP\leftarrow(SP)-1$	1	24
AJMP addr11	$PC_{10\sim0}\leftarrow addr11$	2	24
LJMP addr16	$PC\leftarrow addr16$	3	24
SJMP rel	$PC\leftarrow(PC)+2+rel$	2	24
JMP @A+DPTR	$PC\leftarrow(A)+(DPTR)$	1	24
JZ rel	若$(A)=0$,则 $PC\leftarrow(PC)+2+rel$ 若$(A)\neq0$,则 $PC\leftarrow(PC)+2$	2	24
JNZ rel	若$(A)\neq0$,则 $PC\leftarrow(PC)+2+rel$ 若$(A)=0$,则 $PC\leftarrow(PC)+2$	2	24
CJNE A,direct,rel	若$(A)=(direct)$,则 $PC\leftarrow(PC)+3$ 若$(A)>(direct)$,则 $PC\leftarrow(PC)+3+rel,C\leftarrow0$ 若$(A)<(direct)$,则 $PC\leftarrow(PC)+3+rel,C\leftarrow1$	3	24
CJNE A,#data,rel	若$(A)=data$,则 $PC\leftarrow(PC)+3$ 若$(A)>data$,则 $PC\leftarrow(PC)+3+rel,C\leftarrow0$ 若$(A)<data$,则 $PC\leftarrow(PC)+3+rel,C\leftarrow1$	3	24
CJNE Rn,#data,rel	若$(Rn)=data$,则 $PC\leftarrow(PC)+3$ 若$(Rn)>data$,则 $PC\leftarrow(PC)+3+rel,C\leftarrow0$ 若$(Rn)<data$,则 $PC\leftarrow(PC)+3+rel,C\leftarrow1$	3	24
CJNE @Ri,#data,rel	若$((Ri))=data$,则 $PC\leftarrow(PC)+3$ 若$((Ri))>data$,则 $PC\leftarrow(PC)+3+rel,C\leftarrow0$ 若$((Ri))<data$,则 $PC\leftarrow(PC)+3+rel,C\leftarrow1$	3	24
DJNZ Rn,rel	$Rn\leftarrow(Rn)-1$ 若$(Rn)\neq0$,则 $PC\leftarrow(PC)+2+rel$ 若$(Rn)=0$,则 $PC\leftarrow(PC)+2$	2	24
DJNZ direct,rel	$direct\leftarrow(direct)-1$ 若$(direct)\neq0$,则 $PC\leftarrow(PC)+3+rel$ 若$(direct)=0$,则 $PC\leftarrow(PC)+3$	3	24
NOP	$PC\leftarrow(PC)+1$,空操作	1	12

表 A-5 布尔变量操作指令

助 记 符	功 能 说 明	字节数	时钟周期
CLR C	$CY\leftarrow 0$	1	12
CLR bit	$bit\leftarrow 0$	2	12
SETB C	$CY\leftarrow 1$	1	12
SETB bit	$bit\leftarrow 1$	2	12
CPL C	$CY\leftarrow (\overline{CY})$	1	12
CPL bit	$bit\leftarrow (\overline{bit})$	2	12
ANL C,bit	$C\leftarrow (C)\wedge (bit)$	2	24
ANL C,/bit	$C\leftarrow (C)\wedge (\overline{bit})$	2	24
ORL C,bit	$C\leftarrow (C)\vee (bit)$	2	24
ORL C,/bit	$C\leftarrow (C)\vee (\overline{bit})$	2	24
MOV C,bit	$C\leftarrow (bit)$	2	12
MOV bit,C	$bit\leftarrow (C)$	2	24
JC rel	若$(C)=1$,则 $PC\leftarrow (PC)+2+rel$ 若$(C)=0$,则 $PC\leftarrow (PC)+2$	2	24
JNC rel	若$(C)=0$,则 $PC\leftarrow (PC)+2+rel$ 若$(C)=1$,则 $PC\leftarrow (PC)+2$	2	24
JB bit,rel	若$(bit)=1$,则 $PC\leftarrow (PC)+3+rel$ 若$(bit)=0$,则 $PC\leftarrow (PC)+3$	3	24
JNB bit,rel	若$(bit)=0$,则 $PC\leftarrow (PC)+3+rel$ 若$(bit)=1$,则 $PC\leftarrow (PC)+3$	3	24
JBC bit,rel	若$(bit)=1$,则 $PC\leftarrow (PC)+3+rel$ 且$(bit)=0$ 若$(bit)=0$,则 $PC\leftarrow (PC)+3$	3	24

参 考 文 献

1　张元良,吕艳,王建军. 智能仪表设计实用技术及实例[M]. 北京:机械工业出版社,2008

2　张毅坤,陈善久,裘雪红. 单片微型计算机原理及应用[M]. 西安:西安电子科技大学出版社,1998

3　徐维祥,刘旭敏. 单片微型机原理及应用[M]. 大连:大连理工大学出版社,1996

4　万福君,潘松峰,刘芳等. MCS-51 单片机原理、系统设计与应用[M]. 北京:清华大学出版社,2008

5　张虹. 单片机原理及应用[M]. 北京:中国电力出版社,2009

6　张元良,王建军. 智能仪表开发技术及实例解析[M]. 北京:机械工业出版社,2009

7　胡汉才. 单片机原理及其接口技术[M]. 第 2 版. 北京:清华大学出版社,2005

8　王喜斌,胡辉,孙东辉,李叶紫. MCS-51 单片机应用教程[M]. 北京:清华大学出版社,2004

9　张义和,王敏男,等. 例说 51 单片机(C 语言版)[M]. 北京:人民邮电出版社,2008

10　吴英戊,沈庆阳,郭婷吉. 8051 单片机实践及应用[M]. 北京:清华大学出版社,2002

11　窦庆中. 单片机外围器件实用手册存储器分册[M]. 北京:北京航空航天大学出版社,1998

12　周润景,张丽娜,刘映群. PROTEUS 入门实用教程[M]. 北京:机械工业出版社,2007

13　陈锦玲. Protel 99 SE 电路设计与制版快速入门[M]. 北京:人民邮电出版社,2008

14　楼然苗,李光飞. 51 系列单片机设计实例[M]. 北京:北京航空航天大学出版社,2003

15　谢维成,杨加国. 单片机原理与应用及 C51 程序设计[M]. 北京:清华大学出版社,2006

16　张义和,陈敨北. 例说 8051[M]. 第 3 版. 北京:人民邮电出版社,2010

17　武庆生,仇梅. 单片机原理与应用[M]. 成都:电子科技大学,1998

18　李叶紫,王喜斌,胡辉,孙东辉. MCS-51 单片机应用教程[M]. 北京:清华大学出版社,2004

19　王幸之,钟爱琴,王雷,王闪. AT89 系列单片机原理与接口技术[M]. 北京:北京航空航天大学出版社,2004

20　李雅轩. 单片机实训教程[M]. 北京:北京航空航天大学出版社,2006

21　吴飞青,丁晓,李林功,练斌. 单片机原理与应用实践指导[M]. 北京:机械工业出版社,2009

22　陈忠平,等. 单片机原理及接口[M]. 北京:清华大学出版社,2007

23　张元良,王建军. 单片机开发技术实例教程[M]. 北京:机械工业出版社,2010